essentials

Essentials liefern aktuelles Wissen in konzentrierter Form. Die Essenz dessen, worauf es als „State-of-the-Art“ in der gegenwärtigen Fachdiskussion oder in der Praxis ankommt. Essentials informieren schnell, unkompliziert und verständlich.

- als Einführung in ein aktuelles Thema aus Ihrem Fachgebiet
- als Einstieg in ein für Sie noch unbekanntes Themenfeld
- als Einblick, um zum Thema mitreden zu können.

Die Bücher in elektronischer und gedruckter Form bringen das Expertenwissen von Springer-Fachautoren kompakt zur Darstellung. Sie sind besonders für die Nutzung als eBook auf Tablet-PCs, eBook-Readern und Smartphones geeignet.

Essentials: Wissensbausteine aus Wirtschaft und Gesellschaft, Medizin, Psychologie und Gesundheitsberufen, Technik und Naturwissenschaften. Von renommierten Autoren der Verlagsmarken Springer Gabler, Springer VS, Springer Medizin, Springer Spektrum, Springer Vieweg und Springer Psychologie.

Hermann Sicius

Erdmetalle: Elemente der dritten Hauptgruppe

Eine Reise durch das Periodensystem

Dr. Hermann Sicius
Dormagen
Deutschland

ISSN 2197-6708 ISSN 2197-6716 (electronic)
essentials
ISBN 978-3-658-11443-5 ISBN 978-3-658-11444-2 (eBook)
DOI 10.1007/978-3-658-11444-2

Die Deutsche Nationalbibliothek verzeichnet diese Publikation in der Deutschen Nationalbibliografie; detaillierte bibliografische Daten sind im Internet über http://dnb.d-nb.de abrufbar.

Springer Spektrum

Gedruckt auf säurefreiem und chlorfrei gebleichtem Papier

Springer Fachmedien Wiesbaden ist Teil der Fachverlagsgruppe Springer Science+Business Media (www.springer.com)

Dieses Buch ist gewidmet:

Susanne Petra Sicius-Hahn
Elisa Johanna Hahn
Fabian Philipp Hahn
Gisela Sicius-Abel

Was Sie in diesem Essential finden können

- Eine umfassende Beschreibung von Herstellung, Eigenschaften und Verbindungen der Elemente der dritten Hauptgruppe
- Aktuelle und zukünftige Anwendungen
- Ausführliche Charakterisierung der einzelnen Elemente

Inhaltsverzeichnis

1 Einleitung

Willkommen bei den Elementen der dritten Hauptgruppe (Borgruppe oder Erdmetalle), die wie alle Hauptgruppen von der dritten bis zur siebten sehr unterschiedliche Gesichter zeigt. Die Atome dieser Elemente geben meist drei Elektronen ab, um eine stabile Elektronenkonfiguration zu erreichen.

Alle Elemente dieser Gruppe, mit Ausnahme des vor etwa zehn Jahren erstmals erzeugten Ununtriums, wurden im 19. Jahrhundert entdeckt. Obwohl Aluminium das am häufigsten vorkommende Metall ist, blieb es in elementarer Form lange verborgen. Gallium, Indium und Thallium sind dagegen sehr selten.

Sie finden alle Elemente der dritten Hauptgruppe im Periodensystem in der Gruppe H 3 (Abb. 1.1).

Elemente werden eingeteilt in Metalle (z. B. Natrium, Calcium, Eisen, Zink), Halbmetalle wie Arsen, Selen, Tellur sowie Nichtmetalle wie beispielsweise Sauerstoff, Chlor, Jod oder Neon. Die meisten Elemente können sich untereinander verbinden und bilden chemische Verbindungen; so wird z. B. aus Natrium und Chlor die chemische Verbindung Natriumchlorid, also Kochsalz.

Einschließlich der natürlich vorkommenden sowie der bis in die jüngste Zeit hinein künstlich erzeugten Elemente nimmt das aktuelle Periodensystem der Elemente (Abb. 1.1) bis zu 118 Elemente auf, von denen zurzeit noch vier Positionen unbesetzt sind.

Die Einzeldarstellungen der insgesamt sechs Vertreter der Gruppe der Elemente der dritten Hauptgruppe enthalten dabei alle wichtigen Informationen über das jeweilige Element, so dass ich hier nur eine kurze Einleitung vorangestellt habe.

H. Sicius, *Erdmetalle: Elemente der dritten Hauptgruppe,* essentials,
DOI 10.1007/978-3-658-11444-2_1

H1	H2	N3	N4	N5	N6	N7	N8	N9	N10	N1	N2	H3	H4	H5	H6	H7	H8
1 H																	2 He
3 Li	4 Be											*5 B*	6 C	7 N	8 O	9 F	10 Ne
11 Na	12 Mg											13 Al	*14 Si*	15 P	16 S	17 Cl	18 Ar
19 K	20 Ca	21 Sc	22 Ti	23 V	24 Cr	25 Mn	26 Fe	27 Co	28 Ni	29 Cu	30 Zn	31 Ga	*32 Ge*	*33 As*	*34 Se*	35 Br	36 Kr
37 Rb	38 Sr	39 Y	40 Zr	41 Nb	42 Mo	43 Tc	44 Ru	45 Rh	46 Pd	47 Ag	48 Cd	49 In	50 Sn	51 Sb	*52 Te*	53 I	54 Xe
55 Cs	56 Ba	57 La	72 Hf	73 Ta	74 W	75 Re	76 Os	77 Ir	78 Pt	79 Au	80 Hg	81 Tl	82 Pb	83 Bi	84 Po	*85 At*	86 Rn
87 Fr	88 Ra	89 Ac	104 Rf	105 Db	106 Sg	107 Bh	108 Hs	109 Mt	110 Ds	111 Rg	112 Cn	113 Uut	114 Fl	115 Uup	116 Lv	117 Uus	118 Uuo

Ln >	58 Ce	59 Pr	60 Nd	61 Pm	62 Sm	63 Eu	64 Gd	65 Tb	66 Dy	67 Ho	68 Er	69 Tm	70 Yb	71 Lu
An >	90 Th	91 Pa	92 U	93 Np	94 Pu	95 Am	96 Cm	97 Bk	98 Cf	99 Es	100 Fm	101 Md	102 No	103 Lr

Radioaktive Elemente

Halbmetalle

H: Hauptgruppen

N: Nebengruppen

Abb. 1.1 Periodensystem der Elemente

2 Vorkommen

Aluminium ist das dritthäufigste Element und zugleich das häufigste Metall in der Erdkruste, wogegen alle anderen Mitglieder dieser Gruppe (Bor, Gallium, Indium und Thallium) selten sind.

Aluminium erscheint in vielen Mineralien (hauptsächlich Bauxit), Gallium tritt gelegentlich als Begleiter von Aluminium, allerdings in sehr geringen Mengen, auf. Indium und Thallium dagegen finden sich ab und zu in Zink-, Kupfer- und Bleierzen.

H. Sicius, *Erdmetalle: Elemente der dritten Hauptgruppe,* essentials,
DOI 10.1007/978-3-658-11444-2_2

3 Herstellung

Bor gewinnt man, ausgehend von Borax oder boraxähnlichen Mineralien, durch Reduktion von Bor-III-oxid mit Kohle. Aluminium erhält man großtechnisch durch Schmelzflusselektrolyse einer Mischung von Aluminium-III-oxid mit synthetisch hergestelltem Kryolith. Gallium trennt man meist nasschemisch aus den jeweiligen wässrigen Lösungen von Aluminiumverbindungen ab. Indium und Thallium gewinnt man meist als Nebenprodukt bei der Aufarbeitung sulfidischer Erze des Zinks, Kupfers oder Bleis.

H. Sicius, *Erdmetalle: Elemente der dritten Hauptgruppe,* essentials,
DOI 10.1007/978-3-658-11444-2_3

Eigenschaften 4

4.1 Physikalische Eigenschaften

Wie bereits erwähnt, ist Bor ein in mehreren Modifikationen auftretendes Halbmetall, alle anderen Elemente dieser Gruppe sind aber Metalle.

In dieser Gruppe von Elementen wachsen mit steigender Ordnungszahl naturgemäß die Atommassen sowie die Radien der Atome und der aus diesen gebildeten Ionen. Ausgerechnet das Halbmetall Bor weist mit 2076 °C den höchsten Schmelzpunkt auf, Gallium mit 29,76 °C den niedrigsten. Die Schwermetalle Indium bzw. Thallium besitzen nur geringfügig höhere Schmelzpunkte (156,6 °C bzw. 304 °C), Aluminium erreicht immerhin noch einen Schmelzpunkt von 660 °C. Die Siedepunkte nehmen zudem noch vom Bor (3927 °C), das hiermit wieder Spitzenreiter ist, zum Thallium (1473 °C) ab. Dazwischen liegen die anderen Metalle dieser Gruppe: Aluminium (2467 °C), Gallium (2204 °C) und Indium (2072 °C).

Mit steigender Ordnungszahl nimmt wie bei jeder Gruppe homologer Elemente die Dichte zu [Bor: 2,460 g/cm^3, Thallium 11,850 g/cm^3 und Ununtrium (geschätzt) sogar ca. 17 g/cm^3]. Die Härte des Materials (Mohs) nimmt aber von Bor zum Thallium stark ab (Bor: 9,3; Thallium: 1,2). Aluminium, das auch das einzige Leichtmetall in dieser Gruppe ist, stellt einen sehr guten elektrischen Leiter dar, während das Halbmetall Bor erwarteterweise die geringste Leitfähigkeit für Strom zeigt.

Die Elektronegativität (nach Pauling) geht von 2,0 bei Bor zunächst auf 1,5 bei Aluminium zurück, um dann zum Gallium (1,8) wieder anzusteigen und bei Thallium auf einen Wert von 1,4 zurückgefallen zu sein. Diesen Effekt beobachtet man sonst bei keiner der Hauptgruppen.

H. Sicius, *Erdmetalle: Elemente der dritten Hauptgruppe*, essentials,
DOI 10.1007/978-3-658-11444-2_4

4.2 Chemische Eigenschaften

Die Elemente dieser Gruppe reagieren direkt mit Halogenen, Sauerstoff und meist auch Schwefel. Aluminium, Gallium und Indium sind infolge der Ausbildung einer schützenden Passivschicht aus Oxid vor dem Angriff durch Luftsauerstoff geschützt, wogegen Thallium, vor allem an feuchter Luft, sogar schnell korrodiert.

Wichtig sind die von Gallium und Indium mit Elementen der fünften Hauptgruppe (Phosphor, Arsen, Antimon) gebildeten III-V-Halbleiter, die wir in diesem Buch genauer vorstellen.

Nur noch Bor-III-oxid (B_2O_3) reagiert schwach sauer, Aluminium- und Galliumoxid bzw. -hydroxid reagieren amphoter, und Thallium-I-hydroxid ist sogar eine starke Base.

Auch hier sehen wir den Übergang zu einer mehrheitlich aus Metallen zusammengesetzten Gruppe von Elementen.

5 Einzeldarstellungen

Im folgenden Teil sind die Elemente der Borgruppe (3. Hauptgruppe) jeweils einzeln mit ihren wichtigen Eigenschaften, Herstellungsverfahren und Anwendungen beschrieben.

5.1 Bor

Symbol	B		
Ordnungszahl	5		
CAS-Nr.	7440-42-8		
Aussehen	Schwarz	Bor, Pulver (Sicius 2015)	Bor kristallin (Marshall 2013)
Entdecker, Jahr	Davy (England), 1808 Gay-Lussac und Thénard (Frankreich), 1808 Berzelius (Schweden), 1824		
Wichtige Isotope [natürliches Vorkommen (%)]	Halbwertszeit (a)	Zerfallsart, -produkt	
$^{10}_{5}B$ (19,9)	Stabil	–	
$^{11}_{5}B$(80,1)	Stabil	–	
Massenanteil in der Erdhülle (ppm)		16	
Atommasse (u)		10,81	
Elektronegativität (Pauling ♦ Allred&Rochow ♦ Mulliken)		2,04 ♦ K. A. ♦ K. A.	
Atomradius (pm)		85	
Van der Waals-Radius (berechnet, pm)		192	
Kovalenter Radius (pm)		82	

H. Sicius, *Erdmetalle: Elemente der dritten Hauptgruppe,* essentials,
DOI 10.1007/978-3-658-11444-2_5

Elektronenkonfiguration	[He] $2s^2\ 2p^1$
Ionisierungsenergie (kJ/mol), erste ♦ zweite ♦ dritte	801 ♦ 2427 ♦ 3660
Magnetische Volumensuszeptibilität	$-1{,}9 * 10^{-5}$
Magnetismus	Diamagnetisch
Kristallsystem	Rhomboedrisch
Elektrische Leitfähigkeit ([A/V * m)], bei 300 K)	$1{,}0 * 10^{-4}$
Elastizitäts- ♦ Kompressions- ♦ Schermodul (GPa)	441 ♦ 320 ♦
Vickers-Härte ♦ Brinell-Härte (MPa)	4900 ♦ Keine Angabe
Mohs-Härte	9,3
Schallgeschwindigkeit (m/s, bei 293,15 K)	16.200
Dichte (kg/m^3, bei 273,15 K)	2,46
Molares Volumen (m^3/mol, im festen Zustand)	$4{,}39 * 10^{-6}$
Wärmeleitfähigkeit [W/(m * K)]	27
Spezifische Wärme [J/(mol * K)]	11,09
Schmelzpunkt (°C ♦ K)	2076 ♦ 2349
Schmelzwärme (kJ/mol)	50
Siedepunkt (°C ♦ K)	3930 ♦ 4203
Verdampfungswärme (kJ/mol)	508

Vorkommen Bor kommt in der Natur nur Verbindung mit Sauerstoff vor, wobei sich große Lagerstätten u. a. in der Türkei, in Peru (Altiplano), Argentinien und in den USA Mojave-Wüste sowie Kalifornien befinden. Abgebaut werden die Mineralien Borax ($Na_2B_4O_7$), Kernit [$Na_2B_4O_6(OH)_2 * 3\ H_2O$] und Colemanit [$CaB_3O_4(OH)_3 * H_2O$].

Gewinnung Man stellt amorphes Bor durch Reaktion von Bortrioxid, B_2O_3, mit Magnesiumpulver in stark exothermer Reaktion her:

$$B_2O_3 + 3\,Mg \rightarrow 2\,B + 3\,MgO$$

Hieraus kann man kristallines Bor durch Erhitzen auf Temperaturen von 1400 °C erzeugen.

Jenes erhält man auch, wenn man Bortrichlorid (BCl_3) mit Wasserstoff an einem erhitzten Wolframdraht reduziert oder geschmolzene Borsäure elektrolysiert.

Eigenschaften

Physikalische Eigenschaften: Bor ist schwarz und sehr hart; es leitet den elektrischen Strom nur schlecht. Wahrscheinlich ist die thermodynamisch stabilste Modifikation das rhomboedrisch kristallisierende β-Bor. Seine Struktur enthält mindestens 105 Atome pro Elementarzelle, zuzüglich der Atome, die sich auf hälftig besetzten Lagen befinden, so dass eine Elementarzelle rechnerisch auf 114 bis 121 Boratome kommt. Die Struktur dieser Modifikation entspricht der eines 60-Ecken-Polyeders.

Die vergleichsweise noch am einfachsten aufgebaute Modifikation ist das α-Bor. Hier treten B_{12}-Ikosaeder auf, die in Schichten angeordnet und mittels Dreizentrenbindungen innerhalb dieser Schicht miteinander verknüpft sind. Die Ikosaeder einander benachbarter Schichten sind über Zweizentrenbindungen miteinander verbunden.

γ-Bor war die erstmals dargestellte, kristalline Form des Bors, die 50 Boratome in der Elementarzelle aufweist $[(B_{12})_4B_2]$. Fremdatome (Stickstoff, Kohlenstoff) können jedoch in Abhängigkeit von den Herstellbedingungen im Kristallgitter eingebaut sein. In der reinen Form ist ein Boratom darin immer das Bindeglied zu vier B_{12}-Ikosaedern. Jedes Ikosaeder ist wiederum mit zwei einzelnen Boratomen sowie zehn anderen Ikosaedern verbunden. Eine Reindarstellung dieser Modifikation gelang aber noch nie.

Bor lässt Infrarotlicht durch. Es besitzt bei 20 °C eine nur geringe elektrische Leitfähigkeit, die mit der Temperatur deutlich wächst, so wie es für Halbleiter typisch ist. Das Kristallgitter elementaren Bors ähnelt dem hochschmelzender, keramikähnlicher Werkstoff wie Silicium- oder Wolframcarbid; insofern weist Bor nächst Diamant die zweithöchste Härte aller chemischen Elemente auf.

Chemische Eigenschaften Bor bildet keine B^{3+}-Kationen. Die Struktur der Moleküle vieler Verbindungen des Elements sind vereinfacht kovalent, metallisch oder ionisch und sind daher genauer nur mittels quantenmechanischer Ansätze zu berechnen, die die Bildung von Molekülorbitalen berücksichtigen.

Nur die drei Valenzelektronen der äußeren Elektronenschale können kovalente Bindungen mit s, px, py und pz-Orbitalen eingehen. Insofern müssen sich die „unter Elektronenmangel leidenden", Lewis-sauren Boratome durch Bildung von Mehrzentrenbindungen (meist Dreizentrenbindung) behelfen, um beispielsweise den Verbindungen des Nachbarelements Kohlenstoff ähnliche Molekülstrukturen bilden zu können. Jüngst konnten Braunschweig et al. sogar eine Verbindung synthetisieren, deren Molekül eine B≡B-Dreifachbindung aufweist (2012).

Erst oberhalb einer Temperatur von 400 °C zeigt Bor eine gewisse Reaktivität. Bei über 700 °C verbrennt es an der Luft zu Boroxid (B_2O_3). Von den meisten Säuren wird Bor auch an deren Siedepunkt nicht angegriffen; nur konzentrierte Schwefelsäure reagiert ab einer Temperatur von ca. 200 °C.

Beim Lösen von B_2O_3 in Wasser entsteht die sehr schwache Borsäure, deren Ester die zuvor farblose Flamme des Bunsenbrenners intensiv grün färben.

Verbindungen

Verbindungen mit Wasserstoff: Borwasserstoffe (Borane) sind Elektronenmangelverbindungen, da in ihren Molekülen eine größere Zahl von Atomen kovalent miteinander verbunden sind als Elektronenpaare zur Verfügung stehen. Daraus resultieren ungewöhnliche Molekülstrukturen, in denen Mehrzentrenbindungen, meist Dreizentrenbindungen, vorliegen. Gemäß dem Verhältnis von Anzahl der Gerüstelektronen zur Anzahl der Gerüstatome unterscheidet man zwischen hypercloso-, closo-, nido-, arachno-, hypho-, commo- und conjuncto-Boranen.

Deren Strukturen sind mittels verschiedener Regeln vorhersagbar. In einfachen Fällen funktioniert dies mit der Wade-Regel, bei Boran-Clustern oft mit der von Balakrishnarajan aufgestellten mno-Regel, und bei sehr großen Boranmolekülen hilft die (6m+2n)-Regel nach von Ragué-Schleyer.

Während die einfacheren Borane wie B_2H_6 oder B_4H_{10} sehr instabil sind, sorgen sterische Effekte (hohe Symmetrie, geschlossene Käfigstruktur und fehlende Dreizentrenbindungen ohne Beteiligung von Wasserstoffatomen) im Falle der closo-Borane ($B_6H_6^{2-}$, $B_9H_9^{2-}$, $B_{10}H_{10}^{2-}$, $B_{12}H_{12}^{2-}$, $B_{21}H_{18}^{-}$ und $B_{20}H_{16}$) für deren vergleichsweise hohe Stabilität. So besitzt beispielsweise $B_{12}H_{12}^{2-}$die Struktur des sehr stabilen B_{12}-Ikosaeders.

Die niederen Borane sind an der Luft selbstentzündlich. Die Reaktionen erfolgen oft explosionsartig und sind stark exotherm. Die Salze von Boranen bezeichnet manals Boranate, die jeweiligen Anionen haben z. B. die Formeln BH_4^-, $B_2H_7^-$ (Diboranat) und $B_{10}H_{10}^{2-}$ (Dekaboranat); sie setzt man als Reduktions- und Hydrierungsmittel ein. Die wichtigsten Vertreter sind Natriumboranat und Lithiumboranat. Ersteres ist durch Reaktion von Natriumhydrid mit Diboran zugänglich.

$$2\,NaH + B_2H_6 \rightarrow 2\,NaBH_4$$

Das frei nicht zugängliche Monoboran kann man in Form seines auch im Handel befindlichen Tetrahydrofuran (THF)-Komplexes ($BH_3 * THF$) durch Reaktion von Natriumboranat mit Iod herstellen:

$$2\,NaBH_4 + I_2 + THF \rightarrow 2\,NaI + H_2 + 2\,BH_3 - THF$$

Für das wegen seiner Selbstentzündlichkeit an Luft nur unter Luftausschluss handhabbare Diboran (B_2H_6) gibt es die Möglichkeit der Darstellung aus Bortrifluorid und Natriumhydrid:

$$2\,BF_3 + 6\,NaH \rightarrow B_2H_6 + 6\,NaF$$

Höhere Borane kann man z. B. durch Reaktion von Bor-III-oxid mit Wasserstoff und Natrium bei hoher Temperatur im Autoklaven erzeugen.

Verbindungen mit Stickstoff Manchen Kohlenwasserstoffen sind Bor-Stickstoff-Wasserstoff-verbindungen chemisch sowie physikalisch sehr ähnlich. Beispielhaft sei Borazol ($B_3N_3H_6$, „anorganisches Benzol") im Vergleich zu Benzol (C_6H_6) genannt.

Bornitrid (BN) ist nach Diamant das zweithärteste, aktuell bekannte Material. Diamant erleidet infolge struktureller Umwandlung sowie chemischer Reaktionen oberhalb von 700 °C deutliche Verluste seiner Härte. Bornitrid dagegen erhält seine Härte noch bei weit höherer Temperatur weitgehend. Man kann Diamant daher in der Hitze mit Bornitrid schleifen. Aus Bornitrid hergestellte Schneidwerkzeuge sind wesentlich weniger anfällig gegenüber Abnutzung und chemischen Einflüssen als solche aus anderem Material gefertigte, allerdings ist Bornitrid sehr spröde. Darüber hinaus hat es eine sehr hohe Wärmeleitfähigkeit; es leitet daher die Wärme vom Schneidgut schnell ab.

Verbindungen mit Halogenen Bortrifluorid (BF_3) ist ein sehr giftiges (Mastromatteo und Sullivan 1994), stechend riechendes Gas vom Siedepunkt −100 °C. Man kann es auf mehreren Wegen gewinnen, etwa großtechnisch aus Borax oder Bor-III-oxid mit Calciumfluorid und konzentrierter Schwefelsäure:

$$B_2O_3 + 3\,CaF_2 + 3\,H_2SO_4 \rightarrow 2\,BF_3 + 3\,CaSO_4$$

Weitere Möglichkeiten sind unter anderem die Reaktion von Bortrioxid mit Flusssäure

$$B_2O_3 + 3\,H_2F_2 \rightarrow 2\,BF_3 + 3\,H_2O$$

oder die Umsetzung von Fluorsulfon- und Borsäure:

$$H_3BO_3 + 3\,HSO_3F \rightarrow BF_3 + 3\,H_2SO_4$$

Bortrifluorid ist eine sehr starke Lewis-Säure und wird durch Wasser schließlich zu Bor- und Flusssäure hydrolysiert.

Bortrichlorid (BCl_3) ist ebenfalls ein farbloses, stechend riechendes Gas, das bei einer Temperatur von 12,6 °C kondensiert und industriell durch Chlorierung einer Mischung von Bor-III-oxid und Koks bei 500 °C gewonnen wird:

$$B_2O_3 + 3\,C + 3\,Cl_2 \rightarrow 2\,BCl_3 + 3\,CO$$

Alternativ funktioniert auch die Synthese der Substanz aus den Elementen. BCl_3 wird durch Wasser heftig zu Chlorwasserstoff und Borsäure hydrolysiert und raucht daher an feuchter Luft stark. Es ist wie alle Bor-III-halogenide eine starke Lewis-Säure und reagiert leicht mit Elektronenpaardonatoren wie z. B. tertiären Aminen, Phosphinen, Ethern, Thioethern und Halogenidionen. Man setzt es als Katalysator in chemischen Synthesen ein (z. B. Borazin), für Chlorierungen, zur Entfernung von Nitriden, Carbiden und Oxiden aus Schmelzen von Aluminium-, Magnesium-, Zinn- und Kupferlegierungen sowie zur Dotierung von Halbleitern.

Bortribromid (BBr_3) ist eine sehr giftige, an feuchter Luft infolge hydrolytischer Zersetzung rauchende Flüssigkeit vom Siedepunkt 91 °C und Schmelzpunkt −46 °C. Es ist durch Umsetzung von Bortrifluorid mit Aluminiumbromid oder von Borcarbid mit Brom im Quarzrohr bei erhöhter Temperatur zugänglich:

$$BF_3 + AlBr_3 \rightarrow BBr_3 + AlF_3 \qquad B_4C + 6\,Br_2 \rightarrow 4\,BBr_3 + C$$

Unter anderem findet es Verwendung als Katalysator bei der Polymerisation von Olefinen und Friedel-Crafts-Alkylierungen, ebenso bei der Dotierung von Halbleitern mit Boratomen.

Bortriiodid (BI_3), ein farbloser Feststoff vom Schmelzpunkt 50 °C, hydrolysiert leicht wie alle Bor-III-halogenide zu Halogenwasserstoff und Borsäure und wird durch Reaktion von Lithiumborhydrid mit Iod hergestellt. Auch BI_3 ist eine starke Lewis-Säure und löslich in Kohlenstoffdisulfid. Wichtig ist es als Katalysator bei der Kohleverflüssigung.

Verbindungen mit Sauerstoff Kristallines Bor-III-oxid (B_2O_3) erhält man durch langsames Entwässern von Borsäure bei einer Temperatur von ca. 200 °C. Die jährliche Produktion beläuft sich auf etwa 4 Mio. t; die wichtigsten Produktionsländer sind die Türkei, Argentinien und Chile.

Das wasseranziehende Bor-III-oxid bildet bei Kontakt mit Wasser Borsäure, eine schwache Säure. Wird es mit unedlen Metallen oder Wasserstoff zur Reaktion gebracht, so wird es zu Bor reduziert. Löst man Bor-III-oxid in Methanol, so entsteht Borsäuretrimethylester. Es ist Bestandteil von Gläsern (Borsilikat- oder Borphosphatglas), es dient, in geringen Mengen zugesetzt, als Bindemittel in heißgepresster Bornitrid-Keramik, und es fungiert als Löschmittel bei Metallbränden.

Borate, die Salze der Borsäure, setzt man in Nuklearanlagen dem Beton der dem Strahlenschutz dienenden Betonhülle zwecks Einfang der Neutronen zu, weil Boratome einen großen Wirkungsquerschnitt für Neutronen haben. Perborate sind, neben anderen, die Bleichmittel in Waschpulver.

Boride Magnesiumdiborid (MgB_2) hat die zurzeit höchste Sprungtemperatur (39 K) unter den Supraleitern. Zu seiner Herstellung trägt man festes Bor in flüssiges Magnesium bei einer Temperatur von 900 °C ein. Der dabei auftretende Magnesiumdampf diffundiert in das Bor, in/an dem sich leicht auslösbare Magnesiumdiborid-Kügelchen bilden. Dünne Beschichtungen erhält man durch Reaktion von Magnesiumdampf mit Diboran in einer Wasserstoffatmosphäre. Magnesiumdiborid schmilzt bei einer Temperatur von 830 °C und ist ein geruchloses, dunkelgraues bis schwarzes Pulver.

Rheniumdiborid (ReB_2) ist ein schwarzer, kristalliner Feststoff einer Härte vergleichbar zu der von Diamant, mit einem Schmelzpunkt von 2400 °C. Er wird durch fünftägige Reaktion eines Gemisches beider Elemente in Pulverform bei einer Temperatur von ca. 1000 °C hergestellt.

Strontiumhexaborid (SrB_6)ist ein dunkelroter bis schwarzer, kristalliner, hochschmelzender (2235 °C) und sehr harter Feststoff, den man u. a. als elektrischen Isolator und in Steuerstäben für Kernreaktoren einsetzt. Man stellt SrB_6 aus Strontiumcarbonat ($SrCO_3$), Borcarbid (B_4C) und Kohlenstoff im Vakuumofen her.

Lanthanhexaborid (LaB_6) ist der Elektronenemitter in Hochleistungskathoden und ein feuerfestes keramisches, violettes Pulver mit einem Schmelzpunkt von 2210 °C.

Anwendungen Neodym-Eisen-Borverbindungen verwendet man zur Herstellung von Hochleistungsmagneten, die u. a. in Kernspintomographen, Kleinmotoren, Festplatten, Servomotoren, Linearmotoren für Positionierachsen und teuer HiFi-Geräten eingesetzt werden. Sie bieten einen deutlichen Preisvorteil gegenüber Kobalt-Samarium-Magneten (Baudis und Fichte 2012). Ferrobor und Bor sind Zusätze in Feinkornbaustählen und Nickellegierungen, Bor ist ein Kornfeinungsmittel für Messing-Gusslegierungen. Bor ist ferner Gettersubstanz bei der Herstellung von Reinstkupfer, da es Spuren von Sauerstoff entfernt.

Kristallines Bor und Borfasern benötigt man dort, wo eine hohe Festigkeit des Materials verlangt wird: in Bauteilen für Helikopterrotoren, Tennis- und Golfschlägern sowie Angelruten. Bor ist zudem in Brems- und Kupplungsbelägen enthalten. In Halbleitern dient es zur p-Dotierung von Silicium. Borate verwendet man auch als Brandschutzmittel für Platinen.

Bor weist einen sehr hohen Einfangsquerschnitt für Neutronen auf (764 barn für Bor einer natürlichen Isotopenzusammensetzung). Daher kann es, in Steuerstäben eingesetzt, die in Kernreaktoren ablaufende Kettenreaktion regeln und auch abbrechen. In Druckwasserreaktoren mischt man dem Kühlwasser unterschiedliche Mengen von Borsäure zu. Außerdem ist es in Strahlenschutzkleidung sowie den Wänden von Lagergefäßen, die zur Aufbewahrung von Kernbrennstoffen dienen, enthalten.

5.2 Aluminium

Symbol	Al		
Ordnungszahl	13		
CAS-Nr.	7429-90-5		
Aussehen	Silbrig glänzend	Aluminium (Metallium Inc. 2015)	Aluminium, Pulver (Sicius, 2015)
Entdecker, Jahr	Ørsted (Dänemark), 1825		
Wichtige Isotope [natürliches Vorkommen (%)]	Halbwertszeit (a)	Zerfallsart, -produkt	
$^{27}_{13}Al$ (100)	Stabil	–	

Massenanteil in der Erdhülle (ppm)	75.700
Atommasse (u)	26,982
Elektronegativität (Pauling ♦ Allred&Rochow ♦ Mulliken)	1,61 ♦ K. A. ♦ K. A.
Normalpotential: $Al^{3+} + 3e^- \rightarrow Al$ (V)	−1,676
Atomradius (pm)	125
Van der Waals-Radius (berechnet, pm)	184
Kovalenter Radius (pm)	121
Elektronenkonfiguration	[Ne] $3s^2$ $3p^1$
Ionisierungsenergie (kJ/mol), erste ♦ zweite ♦ dritte	578 ♦ 1817 ♦ 2745
Magnetische Volumensuszeptibilität	$2,1 * 10^{-5}$
Magnetismus	Paramagnetisch
Kristallsystem	Kubisch-flächenzentriert
Elektrische Leitfähigkeit ([A/(V * m)], bei 300 K)	$3,77 * 10^7$
Elastizitäts- ♦ Kompressions- ♦ Schermodul (GPa)	70 ♦ 76 ♦ 26
Vickers-Härte ♦ Brinell-Härte (MPa)	160–350 ♦ 160–550
Mohs-Härte	2,75
Schallgeschwindigkeit (m/s, bei 293 K)	6250–6500 (Longitudinalwelle) 3100 (Scherwelle)
Dichte (g/cm^3, bei 273,15 K)	2,70
Molares Volumen (m^3/mol, im festen Zustand)	$10,00 * 10^{-6}$
Wärmeleitfähigkeit ([W/(m * K)])	235
Spezifische Wärme ([J/(mol * K)])	19,789
Schmelzpunkt (°C ♦ K)	660,2 ♦ 933,35
Schmelzwärme (kJ/mol)	10,7
Siedepunkt (°C ♦ K)	2470 ♦ 2743
Verdampfungswärme (kJ/mol)	284

Vorkommen Aluminium hat einen Anteil von 7,57 Gew.-% am Aufbau der Erdkruste und ist darin nach Sauerstoff und Silicium das dritthäufigste Element und somit gleichzeitig das häufigste Metall. Es kommt fast nur in chemisch gebundener Form vor, hauptsächlich in Form von Alumosilikaten wie Ton, Gneis und Granit.

In sehr vereinzelten, aber wirtschaftlich völlig unbedeutenden Fällen kommt Aluminium auch elementar vor, meist in Form dicker Aggregate, aber auch größerer Kristalle (Anthony 2010). Gefunden wurde es bisher in China, Italien, Bulgarien, Russland (Sibirien), Aserbaidschan und Usbekistan.

Bis 2010 kannte man 1156 aluminiumhaltige Minerale. Aluminiumoxid in Form des Minerals Korund und seiner Varietäten Rubin (rot) und Saphir (farblos bis verschiedenfarbig) treten selten auf. Das einzige wirtschaftlich bedeutende Ausgangsmaterial für die Produktion von Aluminium ist Bauxit, dessen Vorkommen sich vor allem in Südfrankreich (Les Baux), Guinea, Bosnien und Herzegowina, Ungarn, Russland, Indien, Jamaika, Australien, Brasilien und den Vereinigten Staaten befinden. Bauxit enthält ca. 60 Gew.-% einer Mischung von Aluminiumhydroxiden [$Al(OH)_3$ und $AlO(OH)$], der Rest entfällt auf Eisenoxid (Fe_2O_3, 30 Gew.-%) und Siliciumdioxid (SiO_2, 10 Gew.-%).

Gewinnung Aluminium wird sowohl aus Bauxit hergestellt als auch aus Schrott wiedergewonnen. Ersteres Herstellverfahren ist extrem energieaufwändig, jedoch ist Bauxit das einzige Aluminiummineral, das man zur Herstellung des Elements verwenden kann. Die Wiederverwertung aus Schrott erfordert dagegen nur einen Bruchteil dieser Energie.

Das in Bauxit enthaltene Aluminiumoxid/-hydroxid-Gemisch schließt man zuerst mit Natronlauge auf (Bayer-Verfahren, Rohrreaktor- oder Autoklaven-Aufschluss), überführt dadurch das chemisch gebundene Aluminium in eine lösliche Form und trennt es so von Eisen- und Siliciumoxid. Danach fällt man aus der aluminathaltigen Lösung das reine Aluminiumhydroxid aus und brennt es in geeigneten Öfen zu Aluminiumoxid (Al_2O_3).

Jenes unterwirft man einer Schmelzflusselektrolyse nach dem Hall-Héroult-Verfahren. Gemische aus Aluminiumoxid und Kryolith (Na_3AlF_6) haben ihren tiefsten Schmelzpunkt bei einer Temperatur von 963 °C (Eutektikum). Die Kathode bildet den Boden des Gefäßes; an ihr sammelt sich während der Elektrolyse flüssiges Aluminium, das mit einem Saugrohr von Zeit zu Zeit abgesaugt wird. An den aus Graphitmasse bestehenden Anodenblöcken entwickelt sich im Laufe der Elektrolyse Sauerstoff, wodurch die Anoden langsam abbrennen; daher muss man die gestampfte Graphitmasse laufend nachfüllen. Der Energieaufwand ist mit durchschnittlich ca. 15 kWh pro kg erzeugtes Aluminium hoch. Die meisten Verbesserungsmöglichkeiten in dieser Hinsicht sind bereits ausgeschöpft (Quinkertz

2002). Führend in der Herstellung ist das Unternehmen Norsk Hydro/Yara, die u. a. Produktionsanlagen in Norwegen und Deutschland betreiben.

Zur Wiedergewinnung des Aluminiums schmilzt man aluminiumhaltige Schrotte und Krätzen in Trommelöfen ein. Letztere entstehen meist bei der Verarbeitung von Aluminium und sind Gemische des Metalls mit seinem Oxid, das im Zuge der Produktion des Aluminiums anfällt Um das Ausmaß der Bildung von Krätzen zu verringern, deckt man die Oberfläche der aus Bauxit und Kryolith bestehenden Schmelze mit einer Mischung aus Kochsalz, Kaliumchlorid und etwas Calciumfluorid abgedeckt. Als Zwangsanfall entsteht daher bei der Schmelzflusselektrolyse auch noch geringe Anteile Aluminium enthaltende Salzschlacke, die zu mineralische Glasfasern weiter verarbeitet wird (Feige und Märker 2006; Spiegel online 1993; Boin et al. 2000).

Der Preis für 99,7 %iges Aluminium liegt aktuell bei knapp US$ 2000.- pro t (London Metal Exchange 2015).

Physikalische Eigenschaften Aluminium ist ziemlich weich, zugleich aber zäh. Die Zugfestigkeit von handelsüblich reinem Aluminium liegt bei 90 N/mm^2, die Streckgrenze bei 34 N/mm^2 und die Bruchdehnung bei 45 %. Demgegenüber können die Zugfestigkeiten seiner Legierungen erheblich höher sein. Es schmilzt bei 660 °C und siedet bei 2470 °C. Seine Dichte beträgt 2,70 g/cm^3, daher ist es ein Leichtmetall. Seine Wärmeleitfähigkeit wird nur noch von denen der Elemente der ersten Nebengruppe (Kupfer, Silber, Gold) übertroffen. Supraleitend wird es erst unterhalb einer Temperatur von −271,95 °C (Ilschner 2010).

Chemische Eigenschaften Aluminium bildet an der Luft sofort eine mit 0,05 µm sehr dünne Oxidschicht (aus Al_2O_3), die es vor weiterer Oxidation schützt. Diese passivierende Schicht macht reines Aluminium bei pH-Werten von 4 bis 9 sehr korrosionsbeständig Man kann diese Oxidschicht durch Eloxieren derart verstärken, dass man so vorbehandelte Oberflächen von Aluminium auf verschiedenste Arten färben kann. Ist die Oxidschicht jedoch beschädigt, so tritt Lochfraßkorrosion auf.

Aluminium löst sich, jeweils unter Entwicklung von Wasserstoff, sowohl heftig in Salzsäure (unter Bildung seines Chlorids) als auch in Natronlauge (NaOH) unter Entstehung von löslichem Natriumaluminat:

$$2\,\mathrm{Al} + 6\,\mathrm{HCl} \rightarrow 2\,\mathrm{AlCl_3} + 3\,\mathrm{H_2}$$

$$2\,\mathrm{Al} + 2\,\mathrm{NaOH} + 6\,\mathrm{H_2O} \rightarrow 2\,\mathrm{Na}\left[\mathrm{Al(OH)_4}\right] + 3\,\mathrm{H_2}\uparrow$$

Mit Halogenen, außer mit Iod, reagiert Aluminium bei Raumtemperatur unter Feuererscheinung. Aluminium-III-fluorid ist schwerlöslich in Wasser, die anderen Trihalogenide sind jedoch in Wasser sehr leicht löslich, wobei sie sich aber direkt hydrolytisch zersetzen.

Schwefelsäure löst es langsam auf, Salpetersäure dagegen nicht, da letztere die Oberfläche des Metalls passiviert.

Feinverteiltes Aluminiumpulver ist, falls es nicht zuvor phlegmatisiert wurde, chemisch sehr reaktiv und kann sich an der Luft von selbst entzünden.

Verbindungen Aluminiumoxid (Al_2O_3) tritt meist als weißes Pulver oder in Form harter Kristalle auf. Falls man es nicht in der für die Gewinnung des Aluminiums betriebenen Schmelzflusselektrolyse verwendet, setzt man es als Schleif- oder Poliermittel sowie in technischen Keramiken ein (als Isolator, in Grundplatten integrierter Schaltkreise).

Aluminiumhydroxid [$Al(OH)_3$] ist das bedeutendste Ausgangsmaterial zur Herstellung anderer Aluminiumverbindungen, vor allem für Aluminate. Man setzt es als Füllstoff und Brandschutzmittel in Kunststoffen und Beschichtungen ein.

Polyaluminiumchlorid und Aluminiumsulfat finden als Flockungsmittel in der Wasseraufbereitung, Abwasserreinigung und der Papierindustrie Anwendung. Natriumaluminat [$NaAl(OH)_4$] dient ebenfalls als Flockungsmittel, jedoch auch als Ausgangsprodukt für die Produktion von Zeolithen. Jene sind Alumosilikate und bewirken, in Waschmittel einformuliert, eine gewisse Wasserenthärtung in der Waschlauge von Textilien.

Alaune (Kaliumaluminiumsulfat, $KAl(SO_4)_2 * 12H_2O$) wirken blutungsstillend. Aluminiumdiacetat (essigsaure Tonerde) ist Bestandteil entzündungshemmender Umschläge.

Aluminiumtrialkyle gehen als Katalysatoren in die Herstellung von Polyethylen, oder aber auch in die Halbleiterindustrie, wo sie nach dem Aufdampfen auf bestimmte Bauteile dünne Beschichtungen von elektrisch sehr wirksam isolierendem Aluminiumoxid erzeugen.

Aluminiumnitrid (AlN) ist ein weißer bis farbloser, gut die Wärme leitender Konstruktionswerkstoff, der bei 2200 °C schmilzt. Weit verbreitet ist der Einsatz von Lithiumaluminiumhydrid (Lithiumalanat, $LiAlH_4$) als Reduktionsmittel bei organischen Synthesen.

Anwendungen

Konstruktion: Aluminium hat gegenüber Stahl den Vorteil, dass aus ihm gefertigte Bauteile bei gleicher Festigkeit nur das halbe Gewicht, bei allerdings etwas höherem Volumen, aufweisen (Askeland 1996). Man setzt Aluminium daher bevorzugt im Leichtbau der Luft- und Raumfahrt ein, aber inzwischen auch stark im Automobilbau (Motoren, Karosserien). Frühere Probleme wie schlechte Schweißbarkeit und Formfestigkeit gehören inzwischen der Vergangenheit an. Ebenso findet Aluminium heutzutage auch verbreitet Anwendung im Bau von Booten und Yachten, dies ebenfalls wegen der Ausbildung der passivierend wirkenden Oberflächenschicht aus Aluminiumoxid (König und Klocke 2008; Fahrenwaldt 2008).

Haupteinsatzgebiet von Aluminium und seinen Legierungen mit Magnesium, Silicium und anderen Metallen ist aber der Bau von Flugzeugen und Bauteilen für die Raumfahrt. Die aktuellsten Flugzeugmodelle der Hersteller Boeing und Airbus enthalten jedoch vermehrt glasfaserverstärkten Kunststoff anstelle von Aluminium und/oder seinen Legierungen.

Oberflächen von Aluminiumprofilen werden nach einer geeigneten Vorbehandlung (Eloxieren zur Verstärkung der Passivschicht) in galvanischen und anderen Prozessen vielfach gefärbt, wodurch aus Aluminium gefertigte Bauteile in diversen Außenanwendungen (Haustüren, Gartenmöbel usw.) zum Einsatz kommen.

Aus Aluminium bestehen ferner Rahmen und Felgen von Fahrrädern, Felgen von Motorrädern und Autos, Stöcke für Skisport und Nordic Walking, Zelt- und Stativstangen. Da das Metall eine hohe Wärmeleitfähigkeit besitzt, stellt man auch Kühlkörper und wärmeableitende Konstruktionen aus ihm her. Zudem besteht die äußere Metallschicht der Heizelemente von Bügeleisen und Kaffeemaschinen aus Aluminium. Als Hauptbestandteil von Fassadenelementen, Dachrinnen und Regenabflussrohren wurde es jedoch inzwischen weitgehend durch Titanzink verdrängt (Fritz und Schulze 2012; Ilschner und Singer 2010; Roos und Maile 2011).

Aluminiumpulver und -pasten gehen in die Herstellung von Porenbeton (Achtziger et al. 2001). Basische Aluminiumverbindungen dienen als Abbindebeschleuniger für Spritzbeton (Beckmann et al. 2012).

Elektrotechnik Aluminium leitet den elektrischen Strom sehr gut und wird darin nur noch von Silber, Kupfer und Gold übertroffen. Kupfer verwendet man, wenn stromführende Teile platzsparend konstruiert werden müssen, wie z. B. bei Wicklungen in Transformatoren, dem spezifisch leichteren Aluminium wird dann der Vorzug gegeben, wenn das Gewicht entscheidend ist, wie z. B. bei Leiterseilen von Freileitungen (Flosdorff und Hilgarth 2003). In modernen Flugzeugen sind Kabel aus Aluminium Standard. Oft fertigt man stromführende Metallteile aus Aluminium und überzieht sie nach Bedarf mit einer dünnen Schicht aus -teurerem- Kupfer, da jenes einen besseren Kontakt vermittelt. Vor allem unter Druck gibt Aluminium schlecht den elektrischen Kontakt weiter, da sich auf ihm Kriechströme und auch die isolierend wirkende Passivschicht aus seinem Oxid bilden können. Verwendet man das Metall als elektrischen Leiter, so müssen diese geschützt und ummantelt werden, da sich die Kontakte gelegentlich auch lösen können. Gegebenenfalls helfen Verbindungen aus einer Kupfer-Aluminium-Legierung (Cupal), die Kontaktprobleme zu vermeiden.

In Elektrolytkondensatoren dient Aluminium als Elektroden- und Gehäusematerial. Kleinere Antennen bestehen ebenfalls oft aus Aluminium.

Elektronik Noch bis vor etwa 15 Jahren verwendete man ausschließlich Aluminium als Material für Leiterbahnen in integrierten Schaltkreisen, auch in speziellen Transistoren kam es verbreitet zum Einsatz (Wolf 1990, S. 196). Seine damals ausschlaggebenden Vorteile waren seine gute Haftung und die geringe Diffusion in dem als Isolator zwischen den Leiterbahnen eingelegten Siliciumdioxid. Später ersetzte man es aber mehr und mehr durch Kupfer, dies wegen dessen geringerem spezifischen Widerstand und günstigerem Elektromigrationsverhalten (Wolf 2002, S. 713 ff.).

Viele mikroelektronische Produkte enthalten aber weiterhin Aluminium, ebenso Leistungshalbleiter; in letzteren meist als Material für Verbindungsdrähte zwischen Chip und Gehäuseanschluss.

Lebensmittelindustrie, Verpackungen, Geschirr Aluminium verarbeitet man in riesigen Mengen zu Getränke- und Konservendosen bzw. zu Verpackungsfolie, diese auch als Inliner von Plastikverpackungen (z. B. Tetra Pak). Letztere isoliert das aufzubewahrende Gut vollständig gegenüber Sauerstoff und Licht. Nur säurehaltige Lebensmittel dürfen nicht in Behältern aus reinem Aluminium aufbewahrt werden; jene kleidet man für solche Zwecke dann innen mit Kunststoff aus.

Ebenso stellt man Kochtöpfe, Essgeschirr und viele Küchengeräte aus Aluminium her.

Aluminium reflektiert in hohem Maße Licht und auch UV-Strahlung, weshalb es in Beschichtungen von Spiegeln, Scannern, Scheinwerfern und Spiegelreflexkameras eingebaut wird.

Pyrometallurgie Der Treibstoff von Feststoffraketen enthält bis zu 30 Gew.-% Aluminiumpulver, das bei seiner Verbrennung viel Energie freisetzt. Aluminiumpulver findet auch als Komponente von Feuerwerksmischungen Verwendung. Eine Mischung von Aluminium und Eisen-III-oxid („Thermit") reagiert sehr heftig und unter Freisetzung großer Wärmemengen, die Eisen zum Schmelzen bringt; daher setzt man diese Mischung z. B. zum Schweißen von Schienen ein.

Physiologie und Toxizität Aluminium ist auch in Spuren für den Menschen nicht essenziell (Spornitz 2010), jedoch enthält der menschliche Körper stets ca. 100 mg des Elements Werden aluminiumhaltige Lebensmittel aufgenommen, so werden sie schnell und fast quantitativ wieder ausgeschieden, wenngleich die Resorption in Abhängigkeit vom chemischen Verbindungszustand des Aluminiums, seiner damit verbundenen Löslichkeit, dem pH-Wert und der Anwesenheit von Komplexbildnern schwankt. Ist die Nierenfunktion eingeschränkt, kann es zu einer Akkumulierung des Aluminiums im menschlichen Körper kommen, die unter Umständen Knochenerweichung und/oder Schäden des Zentralnervensystems hervorrufen kann. Al^{3+}-Ionen sind im Blut hauptsächlich an Transferrin gebunden oder mit basischem Phosphat verbunden (Ternes 2013).

Durch sauren Regen wurden in den 1980er Jahren oft im Waldboden vorkommende Aluminiumverbindungen gelöst und bei pH-Werten <5 in eine von Pflanzen aufnehmbare Form überführt. Die Wurzeln der Pflanzen wurden geschädigt, da Enzyme und Eiweiße der Pflanze gehemmt oder in ihrer Funktion zumindest beeinträchtigt werden. Bestimmte Kulturpflanzen sind jedoch gegenüber einem größeren Konzentrationsbereich von Al^{3+} tolerant (Matsumoto 2000; Ezaki 2001; Poschenrieder et al. 2008; Panda et al. 2009). Die durch den sauren Regen in die Umwelt gelangten Al^{3+}-Ionen führten auch zu einem Anstieg des Fischsterbens.

Die Lebensmittel mit den höchsten Gehalten an Aluminium sind Tee (bis zu 1000 mg/kg Trockenmasse), Kakao und Schokolade (ca. 100 mg/kg) sowie Salate und Hülsenfrüchte (20 bis 30 mg/kg) (Schlegel und Richter 1997).

Im Allgemeinen ist der Gehalt an Aluminium in pflanzlichen Lebensmitteln sehr niedrig, jedoch kann er in Abhängigkeit von Sorte, Boden, Anbaubedingungen und Herkunft stark schwanken (EFSA 2008). Kocht man saure Lebensmittel (Sauerkraut, Tomaten, Wein, Zitrusfrüchte) in aus Aluminium bestehendem Geschirr, so können erhebliche Mengen des Metalls gelöst werden und ins Lebensmittel übergehen (Eschnauer 1958).

Trink- und Mineralwässer weisen mit höchstens 0,2 mg/l im Gegensatz zur Nahrung sehr geringe Konzentrationen auf (EFSA 2008). Die Trinkwasserverordnung legt einen maximal zulässigen Grenzwert von 0,2 mg/l fest.

Die von einer Akkumulierung des Aluminiums im menschlichen Körper ausgehende Gesundheitsgefahr war und ist Gegenstand umfangreicher Forschungen (Gitelman 1988; Ferreira et al. 2008; The Alzheimer's Society 2009; Rondeau et al. 2008; Yumoto et al. 2009).

5.3 Gallium

Symbol	Ga		
Ordnungszahl	31		
CAS-Nr.	7440-55-3		
Aussehen	Silbrig-weiß, glänzend	Gallium, Ø 2 cm (Metallium Inc. 2015)	Gallium, aus Schmelze erstarrt (Sicius 2015)

Entdecker, Jahr	De Boisbaudran (Frankreich), 1875	
Wichtige Isotope [natürliches Vorkommen (%)]	Halbwertszeit (a)	Zerfallsart, -produkt
$^{69}_{31}$Ga (60,1)	Stabil	–
$^{71}_{31}$Ga (39,9)	Stabil	–

Massenanteil in der Erdhülle (ppm)	14
Atommasse (u)	69,732
Elektronegativität (Pauling ♦ Allred&Rochow ♦ Mulliken)	1,81 ♦ K. A. ♦ K. A.
Normalpotential für: $Ga^{3+} + 3\,e^- \rightarrow Ga$ (V)	−0,53
Atomradius (pm)	130
Van der Waals-Radius (berechnet, pm)	187
Kovalenter Radius (pm)	122
Elektronenkonfiguration	[Ar] $3d^{10}\,4s^2\,4p^1$
Ionisierungsenergie (kJ/mol),erste ♦ zweite ♦ dritte	579 ♦ 1979 ♦ 2963
Magnetische Volumensuszeptibilität	$-2{,}3 * 10^{-5}$
Magnetismus	Diamagnetisch
Kristallsystem	Verschiedene
Elektrische Leitfähigkeit ([A/(V∗m)], bei 300 K)	$7{,}14 * 10^6$
Elastizitäts- ♦ Kompressions- ♦ Schermodul (GPa)	9,8 ♦ k. A. ♦ k. A.
Vickers-Härte ♦ Brinell-Härte (MPa)	k. A. ♦ 56,8–68,7
Mohs-Härte	1,5
Schallgeschwindigkeit (m/s, bei 293,15 K)	2740
Dichte (g/cm^3, bei 293,15 K)	5,904
Molares Volumen (m^3/mol, im festen Zustand)	$11{,}80 * 10^{-6}$
Wärmeleitfähigkeit ([W/(m∗K)])	29
Spezifische Wärme ([J/(mol∗K)])	25,86
Schmelzpunkt (°C ♦ K)	29,76 ♦ 302,91
Schmelzwärme (kJ/mol)	5,59
Siedepunkt (°C ♦ K)	2400 ♦ 2673
Verdampfungswärme (kJ/mol)	256

Vorkommen Gallium ist mit einem Gehalt in der Erdkruste von 19 ppm relativ selten und kommt nicht gediegen, sondern nur in chemisch gebundener Form als Begleiter von Aluminium-, Zink- und Germaniumerzen (Bauxit, Zinkblende, Germanit) vor. Die Galliumgehalte in Bauxit liegen meist sehr niedrig (höchster bekannte Gehalt: 0,008 %), trotzdem schätzt man die weltweit in Bauxit enthaltenen Reserven an Gallium auf $1{,}6 \cdot 10^6$ t (Greber 2005). In Germanit reichen die Gehalte an Gallium aber an 1 %, jedoch lohnt sich ein Abbau dieser Erze nur zur Gewinnung von Gallium nicht (Wellmer et al. 2007). Die wenigen bekannten Minerale des Galliums sind Gallit [$CuGaS_2$], Söhngeit [$Ga(OH)_3$] und Tsumgallit [$GaO(OH)$].

Gewinnung Gallium, das Homologe des Aluminiums, gewinnt man im Zuge des zur Herstellung des Aluminiums betriebenen Bayer-Verfahrens, in das die wässrige Lösung von Natriumaluminat und -gallat eingeht. Zum einen kann man durch Einleiten von Kohlendioxid vorwiegend Aluminiumhydroxid ausfällen, wobei Natriumgallat noch in Lösung bleibt; erst später fällt auch Gallium als Hydroxid aus. Jenes, das noch mit Aluminiumhydroxid vermischt ist, löst man dann in Natronlauge und trennt Gallium elektrolytisch vor Aluminium ab. Dies ist wegen der weit auseinanderliegenden Normalpotentiale beider Elemente im jeweiligen Medium gut möglich (Greber 2005).

Auch aus der Rohnatronlauge kann man es durch Elektrolyse mit Quecksilberkathoden gewinnen, wobei sich an der Kathode ein Galliumamalgam bildet. Versetzt man dieses anschließend mit Salzsäure, löst sich nur Gallium, das darauf durch erneute Elektrolyse rein abgeschieden werden kann.

Im Labor lassen sich die Thiocyanatkomplexe gut trennen, da die Galliumverbindung durch ein Gemisch aus Diethylether und Tetrahydrofuran aus wässriger Lösung extrahiert werden kann (Specker und Bankmann 1956). Die extrahierte Galliumverbindung löst man dann in Säuren, worauf eine elektrolytische Gewinnung des reinen Metalls ermöglicht wird.

Ebenfalls im Kleimaßstab funktioniert die Elektrolyse einer wässrigen Lösung von Gallium (als Ga^{3+}) an Platinelektroden gut (Dünges und Schmidbaur 1978).

Da Gallium in der Halbleiterindustrie eine wichtige Rolle spielt, muss es für derartige Zwecke noch einmal besonders gereinigt werden. Hierfür kommen Zonenschmelzen bzw. Vakuumdestillation zur Abtrennung des Metalls oder alternativ die fraktionierte Kristallisation von Galliumsalzen in wässriger Lösung in Betracht (Greber 2005).

Vor einigen Jahren belief sich die jährliche Produktion auf weltweit nur etwa 100 t, darüber hinaus betrug die Menge des aus Abfällen wiedergewonnen Galliums knapp 150 t. Die wichtigen Produktionsländer für elementares Gallium aus natürlichen Vorkommen sind China, Deutschland, die Ukraine und Kasachstan, wogegen das Recycling intensiv in den USA, England und Japan betrieben wird (Jaskula 2009).

Eigenschaften

Physikalische Eigenschaften: Gallium ist ein silberweißes, weiches Metall (Sitzmann 2014). Es hat mit 29,76 °C nach Quecksilber und Caesium den niedrigsten Schmelzpunkt aller Metalle. Der Grund hierfür liegt vorrangig in der geringen Symmetrie seines Kristallgitters sowie dem hohen Anteil kovalenter Bindungen zwischen jeweils zwei Galliumatomen (Müller 2008). Sein Siedepunkt liegt mit 2400 °C aber relativ hoch, so dass es für Hochtemperaturthermometer sehr geeignet ist. Gallium lässt sich sogar unterhalb seines Schmelzpunktes flüssig halten, kristallisiert aber dann bei Stoß oder Zufügen von Kristallkeimen unmittelbar. Flüssiges Gallium weist eine gegenüber der festen Form um ca. 3 % höhere Dichte auf, wie es auch manche Halbmetalle zeigen (Züger und Dürig 1992). Flüssiges Gallium zeigt einen leichten Paramagnetismus, während die feste Form diamagnetisch ist.

Kovalente (!) Gallium-Gallium-Bindungen liegen in fast allen Modifikationen des Metalls vor. Die bei Raumtemperatur energieärmste und stabilste ist das in orthorhombischer Schichtstruktur kristallisierende α-Gallium, in dessen Gitter Dimere von Galliumatomen mit intrinsischer kovalenter Bindung existieren. Die Dimere selbst sind wiederum durch metallische Bindung miteinander verbunden; es sind jeweils sechs Galliumatome um ein weiteres angeordnet. Diese Dimere bleiben in der Schmelze erhalten und treten auch in der Gasphase auf (Holleman et al. 2007, S. 1181).

Drei weitere Modifikationen bis hinauf zum δ-Gallium sind unter normalem und leicht erhöhtem Druck beständig. Bei einer Erstarrungstemperatur unterhalb von − 16,3 °C bildet sich das monoklin kristallisierende β-Gallium, in dessen Struktur sägezahnartig angeordnete Ketten von Galliumatomen vorliegen. Erfolgt die Kristallisation bei oder unterhalb einer Temperatur von − 19,4 °C ein, so entsteht δ-Gallium mit trigonaler, dem α-Bor ähnelnder Struktur. Unterhalb einer Temperatur von − 35,6 °C kristallisiert Gallium orthorhombisch (γ-Gallium), dessen Struktur aus miteinander verbundenen Ga_7-Ringen in Form einer Röhre besteht. In der Mitte dieser Röhre befindet sich eine lineare, aus Galliumatomen zusammengesetzte Kette (Holleman et al. 2007, S 1181; Sharma und Donahue 1962; Bosio und Defrain 1969; Bosio et al. 1972; Bosio et al. 1973; Bosio 1978).

Darüber hinaus bildet Gallium auch noch Hochdruckmodifikationen. Bei einer Temperatur von 20 °C und einem Druck von > 30 kbar (Holleman et al., S. 1181) entsteht die kubisch kristallisierende Modifikation Gallium-II. Erhöht man den Druck weiter auf 140 kbar, bildet sich Gallium-III mit tetragonaler Struktur, vergleichbar der des Homologen Indium. Unter extremem Druck (> 1200 kbar)entsteht Gallium-IV mit kubisch flächenzentriertem Kristallgitter (Kenichi et al. 1998).

Chemische Eigenschaften Zeigt Gallium eine Reihe ziemlich von seinem niedrigeren Homologen Aluminium abweichender physikalischer Eigenschaften, so ähnelt sein chemisches Verhalten jenem stark. Auch Gallium überzieht sich an der Luft mit einer dünnen Oxidschicht, die es passiviert und somit vor weiterem Angriff durch Luftsauerstoff schützt. Erst in reinem Sauerstoff und unter hohem Druck verbrennt das Metall zu seinem Oxid (Ga_2O_3).

Festes Gallium reagiert nicht mit Wasser, flüssiges aber relativ zügig. Mit Halogenen setzt es sich in heftiger Reaktion zum jeweiligen Trihalogenid (GaX_3) um. In Säuren löst es sich unter Bildung von Galliumsalzen. Starke Basen lösen es ebenfalls, indem Wasserstoffgas und das jeweilige Gallat $[Ga(OH)_4]^-$ entsteht. Somit reagiert Galliumhydroxid amphoter. Königswasser und konzentrierte Alkalilauge lösen Gallium am schnellsten, jedoch konzentrierte Salpetersäure nicht, da sie das Metall nur passiviert.

Flüssiges Gallium ist sehr aggressiv gegenüber anderen Metallen, so dass man es nur in Behältern aus Quarz, Glas, Graphit und ausnahmsweise Tantal (bis 450 °C) oder Wolfram (bis 800 °C) lagern kann (Merkel und Thomas 2008).

Verbindungen Gallium tritt in seinen Verbindungen fast nur mit der Oxidationszahl +3 auf, nur sehr vereinzelt mit der – instabilen – Oxidationszahl +1.

Verbindungen mit Halogenen Die Eigenschaften der Galliumhalogenide (GaX_3) entsprechen stark denen der homologen Aluminiumhalogenide. Strukturell existieren auch sie, mit Ausnahme des Gallium-III-fluorids, als Dimer.

Gallium-III-fluorid weicht in seinen Eigenschaften deutlich von den anderen Galliumtrihalogeniden ab. Es ist sehr schwerlöslich in Wasser, sublimiert erst bei relativ hoher Temperatur (800 °C) und wird durch Umsetzung von Gallium mit Fluorwasserstoff erzeugt (Downs 1993):

$$2Ga + 3H_2F_2 \rightarrow 2GaF_3 + 3H_2$$

Gallium-III-fluorid ist gegen kaltes und heißes Wasser stabil, aber beim Entfernen von Wasser aus seinem kristallinen Trihydrat lässt sich unhydrolysiertes Gallium-III-fluorid nicht in reinem Zustand erzeugen ist. Die Verbindung hat eine ähnlich polymere Struktur wie das zu ihm verwandte Aluminiumfluorid, und sie bildet wie jenes Hexafluorokomplexe. In speziellen Linsen und Gläsern setzt man Gallium-III-fluorid ein (Troyanov et al. 2004).

Gallium-III-chlorid, das ein stark hygroskopischer, an der Luft infolge Hydrolyse rauchender Feststoff vom Schmelzpunkt 78 °C und Siedepunkt 201 °C ist, wird zweckmäßig direkt durch Reaktion der Elemente hergestellt:

$$2Ga + 3Cl_2 \rightarrow 2GaCl_3$$

Man setzt es als Lewis-Säure in Friedel-Crafts-Reaktionen ein. Es kristallisiert monoklin. Mit Wasser reagiert es heftig unter Bildung von Chlorwasserstoff und Gallium-III-hydroxid. Auch mit anderen Lewis-Basen erfolgt meist schnelle Umsetzung. Da Galliumatome einen besonders hohen Einfangquerschnitt für Neutrinos zeigen, diente eine salzsaure Lösung von 100 t (!) GaCl3 zum Nachweis von Neutrinos im tief unter dem italienischen Apennin durchgeführten Gallex-Experiment (Sitzmann 2011). Im festen Zustand liegt es, wie das Bromid und Iodid, in Form eines Dimeren (Ga_2X_6) vor, im Gaszustand als Monomer (D'ans et al. 1998).

Die Umsetzung von Gallium oder seinem Oxid mit Bromwasserstoff oder aber auch die von Gallium und Brom liefert Gallium-III-bromid:

$$2Ga + 6HBr \rightarrow 2GaBr_3 + 3\,H_2 \qquad Ga_2O_3 + 6\,HBr \rightarrow 2GaBr_3 + 3\,H_2O$$

$$2\,Ga + 3\,Br_2 \rightarrow 2\,GaBr_3$$

Gallium-III-bromid ist ein weißer, sehr hygroskopische Feststoff, der wie das Chlorid an feuchter Luft stark raucht und bei 121 °C schmilzt. Das Iodid (GaI_3), ein hellgelber, ebenfalls sehr hydrolyseempfindlicher Feststoff, ist gut aus den Elementen zugänglich.

Das zweiatomige Molekül des Gallium-I-fluorids (GaF), das eine Ga≡F-Dreifachbindung (!) enthält, ist nur in der Gasphase beständig. Bei Temperaturen unterhalb von 1000 °C erfolgt Disproportionierung zu Gallium und Gallium-III-fluorid (Holleman et al. 2007, S. 1185–1193).

Verbindungen mit Chalkogenen Gallium-III-oxid schmilzt, ähnlich wie Aluminiumoxid, sehr hoch (1900 °C) und ist sowohl durch Erhitzen von Gallium-III-hydroxid oder von Galliumnitrat erhältlich. Es tritt in fünf verschiedenen Modifikationen auf (α bis ε), von denen die kubisch kristallisierende β-Modifikation am stabilsten ist. Einige dieser Modifikationen bewirken bei Bestrahlung einen schnelleren Abbau toxischer Aromaten (Hou et al. 2007).

Gallium-III-sulfid (Ga_2S_3) erzeugt man zweckmäßig durch Reaktion von Gallium mit Schwefel bei 1250 °C oder durch Umsetzung von Gallium-III-oxid mit Schwefelwasserstoff (Brauer 1975, S. 857):

$$2\,Ga + 3\,S \rightarrow Ga_2S_3 \qquad Ga_2O_3 + 3\,H_2S \rightarrow Ga_2S_3 + 3\,H_2O$$

Es ist ein weißgelber geruchloser Feststoff, der durch Wasser zu Galliumoxidhydroxid und Schwefelwasserstoff zersetzt wird. Ebenso löst er sich in Säuren unter Entwicklung von Schwefelwasserstoff. Gallium-III-sulfid bildet zwei Modifikationen; bei Raumtemperatur ist das α-Ga_2S_3 (Struktur von Zinkblende, ZnS) am stabilsten, wogegen oberhalb von 600 °C langsam das β-Ga_2S_3 mit Wurtzitstruktur gebildet wird (Goodyear et al. 1961).

Verbindungen mit Elementen der Stickstoffgruppe Aus technischer Sicht sind dies die wichtigsten Verbindungen. Galliumnitrid, -phosphid, -arsenid und – antimonid sind III-V-Halbleiter; man setzt sie in Transistoren, Dioden und weiteren elektronischen Bauteilen ein. Gallium kann in diesen Stoffen in beliebigem Verhältnis durch Aluminium oder Indium ersetzt werden, wodurch sich jeweils Farbe und Leitfähigkeit (Größe der Bandlücke) ändert. Galliumarsenid hat gegenüber Silicium den Vorteil, dass es durch ionisierende Strahlung nicht so stark angegriffen wird (Sitzmann 2011).

Galliumnitrid (GaN) ist ein III-V-Halbleiter mit großer elektronischer Bandlücke, einem Sublimationspunkt von 800 °C und einer Dichte von 6,1 g/cm^3, der praktisch unlöslich in Wasser ist (Maruska und Tietjen 1969). Man setzt ihn in blauen und grünen Leuchtdioden und Transistoren ein (Schneider 2012). Die dafür benötigten Einkristalle produziert man heute mittels der Hydrid-Gasphasen-Epitaxie, bei der man zunächst Chlorwasserstoff mit ca. 900 °C heißem Gallium zu Gallium-III-chlorid umsetzt. Jenes wird bei Temperaturen oberhalb von 1000 °C in räumlicher Nähe zu Galliumnitrid-Impfkristallen mit Ammoniak umgesetzt, wobei sich das bei dieser Reaktion bildende Galliumnitrid auf der Oberfläche des Impfkristalls anlagert (Nickel et al. 1999; Manasevit et al. 1971). Galliumnitrid besitzt eine Bandlücke von 3,41 eV, kann bei höheren Temperaturen als Silicium betrieben werden, zeigt außerdem höhere Schaltgeschwindigkeit und weniger Energieverluste. verbunden mit einer Elektronenmobilität von 900 $cm^2/V*s$ und einer Lochmobilität von 10 $cm^2/V*s$ (Silicium: 1400 bzw. 450, Germanium: 3900 bzw. 1900).

Das homologe Galliumphosphid (GaP) setzt man schon seit Jahrzehnten in grünen (nicht-dotiert), roten (wenn dotiert, dann mit Zinkoxid) und orangen Leuchtdioden ein. Je nach Bedarf kann das reine Galliumnitrid noch n- (Schwefel, Selen oder Tellur) bzw. p-dotiert (Zink) werden. Es ist durch Umsetzung von Gallium mit Phosphor bei Temperaturen um 700 °C oder von Gallium mit Phosphortrichlorid herstellbar (Brauer 1975, S. 862); für die Produktion von Einkristallen muss man sich aufwändigerer Technik bedienen. Galliumphosphid weist eine Bandlücke von 2,25 eV auf, verbunden mit einer Elektronenmobilität von 250 cm^2/V-s und einer Lochmobilität von 150 $cm^2/V*s$.

Analog kann man Galliumarsenid (GaAs) undotiert oder n- bzw. p-dotiert einsetzen, je nach gewünschter Wirkung. Das Material hat sich bereits in elektronischen Bauelementen bewährt. Auch hier sind die Galliumatome beliebig durch Aluminium- bzw. Indiumatome austauschbar (z. B. Aluminiumgalliumarsenid). Der Vorteil von Galliumarsenid ist eine gegenüber Silicium etwa verzehnfachte Übertragungsfrequenz, sowie eine deutliche Reduktion des Rauschens und damit des Energieverbrauchs. Daher wird es bevorzugt in rauscharmen Hochfrequenzverstärkern (low noise amplifiers) für Satelliten- und Radaranlagen verwendet.

Oft spricht das Kosten-Nutzen-Verhältnis aber immer noch für die klassischen, aus Silicium gefertigten Halbleiter, denn die Ausgangsstoffe Gallium und Arsen sind wesentlich teurer. Einkristalle aus Galliumarsenid sind zudem schwerer herzustellen als solche aus Silicium, und ihre Geometrie ist relativ beschränkt. Zudem beträgt die Lochmobilität (Leitung durch Defektelektronen) nur 400 $cm^2/V*s$ und liegt damit unter derjenigen des Siliciums, weswegen Galliumarsenid trotz seiner energetischen Vorteile in manchen Anwendungen nicht einsetzbar ist, wie beispielsweise in solchen Feldeffekttransistoren, deren Wirkung auf Lochleitung beruht. In Leuchtdioden deckt es den Wellenlängenbereich von Infrarot bis Gelb ab.

Galliumantimonid (GaSb) ist ebenfalls ein direkter Halbleiter mit einer Bandlücke von nur noch 0,72 eV bei 27 °C (Bauer 2011). Auch diese Verbindung tritt, wie die meisten III-V-Halbleiter, mit einer Zinkblendestruktur auf. Überraschenderweise zeigt bereits das undotierte Galliumantimonid eine p-Leitfähigkeit. Über die Art des Akzeptors wird noch diskutiert; möglicherweise ist dies eine Gallium-Leerstelle oder ein auf einem eigentlich für ein Antimonatom bestimmten Gitterplatz sitzendes Galliumatom. Die Verbindung geht gleichfalls in lichtelektronische Bauteile wie z. B. Laserdioden und Photodetektoren.

Zum Vergleich sind nachstehend Kenndaten einiger Halbleiter aufgeführt wie Formel, direkt/indirekt (D./I.)), Dichte (D, g/cm^3), Bandlücke (BL, eV),kritische Feldstärke (KF, V/cm), Elektronenmobilität (EM, cm^2/Vs), Lochmobilität (LM, cm^2/Vs), Wärmeleitfähigkeit (WL, W∗m/K) und Koeffizient der thermischen Ausdehnung (KT, ppm/K). Aus Gründen der Vollständigkeit sind die Daten des elektrischen Isolators Diamant ebenfalls angegeben; die für Siliciumcarbid stellen Mittelwerte dar.

Verbindung	Formel	Typ	D/I	D	BL	KF	EM	LM	WL	KT
Diamant	C	IV	I	3,52	5,52	$6{,}0*10^6$	2200	1800	1300	0,8
Siliciumcarbid	SiC	IV–IV	I	3,21	2,80	$2{,}4*10^6$	~500	~50	700	~4
Silicium	Si	IV	I	2,34	1,12	$3{,}0*10^5$	1400	450	130	2,6
Germanium	Ge	IV	I	5,32	0,66	$1{,}0*10^5$	3900	1900	58	5,9
Galliumnitrid	GaN	III–V	D	6,1	3,44	$3{,}0*10^6$	900	10	110	6,3
Galliumphosphid	GaP	III–V	I	4,1	2,26	$1{,}0*10^6$	250	150	110	4,7
Galliumarsenid	GaAs	III–V	D	5,31	1,42	$4{,}0*10^5$	8500	400	55	5,7
Galliumantimonid	GaSb	III–V	D	5,61	0,73	$5{,}0*10^5$	3000	1000	32	7,8
Indiumarsenid	InAs	III–V	D	5,68	0,35	$4{,}0*10^5$	44.000	500	27	4,5
Indiumantimonid	InSb	III–V	D	5,75	0,17	1000	77.000	850	18	5,4

Es gibt noch einige weitere Gruppen von Halbleitern [Zinksulfid oder Cadmiumsulfid (II–VI) bzw. Indiumsulfid (III–VI)], deren Diskussion den Rahmen dieses Buches jedoch sprengen würde.

Organische Galliumverbindungen Die einfachste organische Galliumverbindung ist das durch Reaktion von Galliumtrichlorid mit Dimethylzink zugängliche Trimethylgallium (Kraus und Toonder 1933):

$$2\,GaCl_3 + Zn(CH_3)_2 \rightarrow 2\,Ga(CH_3)_3 + 3\,ZnCl_2$$

Die Verbindung ist eine klare, farblose Flüssigkeit vom Erstarrungspunkt −16 °C und Siedepunkt 93 °C, die an der Luft selbstentzündlich ist und daher unter Schutzgasatmosphäre gelagert werden muss. Man setzt Trimethylgallium bei der Gasphasenepitaxie zur Erzeugung sehr dünner Beschichtungen aus Gallium ein (Dripps et al. 2004).

Anwendungen Das Volumen des industriell verwendeten Galliums ist wegen dessen Seltenheit gering. Die wirtschaftlich wichtigsten Verbindungen des Galliums sind eindeutig die mit den Elementen der 5. Hauptgruppe gebildeten III-V-Halbleiter, zu denen fast die vollständige Produktion des Galliums verarbeitet wird. Daneben geht es in kleinen Mengen auch in die p-Dotierung des Siliciums (p-Dotierung).

In Form einer bei Raumtemperatur flüssigen, zusammen mit Indium und Zinn gebildeten Legierung geht es unter dem Namen Galinstan als Füllflüssigkeit in Hochtemperaturthermometer, die bis zu einer Temperatur von 1200 °C einsetzbar sind. Auch in weiteren Schmelzlegierungen ist es enthalten, ebenso als Wärmeaustauscherflüssigkeit in Kernreaktoren anstelle von Natrium-Kalium-Legierungen und als Ersatz für Quecksilber in Dampflampen. Die Vorteile von Gallium sind die im Vergleich geringere Reaktivität und Giftigkeit.

Flüssiges Gallium findet als Elektrodenmaterial bei der Gewinnung hochreiner Metalle Verwendung, ebenso als Sperrflüssigkeit bei der Volumenmessung von Gasen bei hohen Temperaturen. Zusammenschmelzen mit Gadolinium, Eisen, Lithium und Magnesium ergibt magnetische Legierungen. Eine Legierung mit Vanadium (V_3Ga) ist ein Supraleiter mit einer relativ hohen Sprungtemperatur von −256 °C.

Gallium wird in Beschichtungen für Spiegel eingesetzt, außerdem absorbiert es sehr leicht Neutrinos (Gallex-Experiment). Das radioaktive Isotop ${}^{68}{}_{31}Ga$ nutzt man in der Positronen-Emissions-Tomographie als Tracer. ${}^{68}{}_{31}Ga$ erzeugt man durch Bestrahlung des Isotops ${}^{69}{}_{31}Ga$ mit Protonen über das zunächst gebildete

Isotop $^{68}_{32}Ge$. Das Isotop $^{68}_{31}Ga$ wird dann durch einen stark komplexierenden Liganden [z. B. 1,4,7,10-Tetraazacyclododecan-1,4,7,10-tetraessigsäure (DOTA)] gebunden (Green und Welch 1989).

Toxizität Gallium und seine Verbindungen wirken zwar reizend auf Haut, und Schleimhäute, jedoch ist seine Toxizität gering (Holleman et al. 2007, S. 1179). Für den Menschen ist es, soweit wir wissen, als Spurenelement nicht essenziell.

5.4 Indium

Symbol	In		
Ordnungszahl	49		
CAS-Nr.	7440-74-6		
Aussehen	Silbergrau, metallisch glänzend	Indium, Ø 3 cm (Metallium, Inc. 2015)	Indium, Kugeln (Sicius 2015)
Entdecker, Jahr	Reich, Richter (Deutschland), 1863		
Wichtige Isotope [natürliches Vorkommen (%)]	Halbwertszeit (a)	Zerfallsart, -produkt	
$^{113}_{49}In$ (4,3)	Stabil	–	
$^{115}_{49}In$ (95,7)	Stabil	–	
Massenanteil in der Erdhülle (ppm)		0,1	
Atommasse (u)		114,818	
Elektronegativität (Pauling ♦ Allred&Rochow ♦ Mulliken)		1,78 ♦ K. A. ♦ K. A.	
Normalpotential für: $In^{3+} + 3\ e^- > In$ (V)		−0,343	
Atomradius (pm)		155	
Van der Waals-Radius (berechnet, pm)		193	
Kovalenter Radius (pm)		144	
Elektronenkonfiguration		[Kr] $4d^{10}\ 5s^2\ 5p^1$	
Ionisierungsenergie (kJ/mol),erste ♦ zweite ♦ dritte		558 ♦ 1821 ♦ 2704	
Magnetische Volumensuszeptibilität		$-5,1 * 10^{-5}$	
Magnetismus		Diamagnetisch	
Kristallsystem		Tetragonal	
Elektrische Leitfähigkeit ([A/(V∗m)], bei 300 K)		$12,5 * 10^6$	
Elastizitäts- ♦ Kompressions- ♦ Schermodul (GPa)		11 ♦ k. A. ♦ k. A.	

Vickers-Härte ♦ Brinell-Härte (MPa)	k. A. ♦ 8,8–10
Mohs-Härte	1,2
Schallgeschwindigkeit (m/s, bei 293,15 K)	1215
Dichte (g/cm³, bei 293,15 K)	7,31
Molares Volumen (m³/mol, im festen Zustand)	$15{,}76 * 10^{-6}$
Wärmeleitfähigkeit ([W/(m * K)])	81,6
Spezifische Wärme ([J/(mol * K)])	26,47
Schmelzpunkt (°C ♦ K)	156,6 ♦ 429,75
Schmelzwärme (kJ/mol)	3,26
Siedepunkt (°C ♦ K)	2000 ♦ 2273
Verdampfungswärme (kJ/mol)	225

Vorkommen Indium ist sehr selten und elementar nur an sehr wenigen Orten, meist in Russland (Sibirien), Usbekistan und der Ukraine, zu finden (Wedepohl 1995). Ebenso gibt es gerade einmal dreizehn charakterisierte Minerale des Elements wie Indit ($FeIn_2S_4$), Laforêtit ($AgInS_2$) und Roquesit ($CuInS_2$) sowie die mit Platin (!) vereinzelt vorkommenden Legierungen Damiaoit ($PtIn_2$) und Yixunit (Pt_3In) (Ralph 2015); diese sind aber für die Gewinnung des Metalls uninteressant. In lunarem Gestein wies man das Vorhandensein von Indium ebenfalls nach.

Wichtig für die Gewinnung sind nur die Beimengungen von Indiumverbindungen in Zinkerzen. Die weltweiten Reserven schätzt man aktuell auf 16.000 t; bei etwa zwei Drittel dieser Menge lohnt sich ein Abbau (Inestroza 2015).

Gewinnung Im Zuge der Herstellung von Zink bzw. Blei reichert sich bei einigen Verfahrensschritten Indium an, wie beispielsweise in Flugstäuben, die beim Rösten des Zinksulfids gebildet werden, oder aber Rückstände, die bei der Elektrolyse zur Gewinnung reinen Zinks aus wässriger Lösung zurückbleiben.

Diese Rückstände löst man in Schwefelsäure oder Salzsäure und extrahiert die In^{3+}-Ionen mit Hilfe von Tributylphosphat oder fällt sie als schwerlösliches Indiumphosphat ($InPO_4$) aus. Die Endstufe des Anreicherungsschrittes ist stets eine salzsaure Lösung von Indium-III-chlorid ($InCl_3$), die der Elektrolyse an Quecksilberelektroden unterworfen wird. Die Lösung muss zuvor von eventuell darin enthaltenem gelöstem Thallium vollständig befreit worden sein, da die Normalpotentiale beider Elemente dicht beieinander liegen (Morawiez 1964).

Für bestimmte Einsatzzwecke ist es erforderlich, das auf diese Weise erhaltene Indium noch weiter zu reinigen. Hierzu wendet man entweder das Zonenschmelzen (Trueb 1996) oder die Schmelzflusselektrolyse von Indium-I-chlorid (Morawiez 1964) an.

Indium ist ein zunehmend knapper werdender Rohstoff, da geringen Vorräten ein steigender Bedarf gegenübersteht und noch vor einigen Jahren nur rund 600 t/a produziert wurden. Die Wiedergewinnung ist mit fast 1000 t/a mittlerweile wichtiger geworden als die Herstellung des Elements aus natürlichen Vorkommen.

Eigenschaften

Physikalische Eigenschaften: Indium ist silbrig-glänzend und besitzt mit 156,6 °C einen der niedrigsten Schmelzpunkte aller Metalle, nur Quecksilber, Gallium und die Alkalimetalle außer Lithium weisen noch tiefere Schmelzpunkte auf. Wie Gallium ist auch Indium über einen sehr großen Temperaturbereich flüssig. Wird Glas mit flüssigem Indium benetzt, so verbleibt, wie übrigens auch im Falle des Galliums, ein permanenter Metallfilm auf dem Glas.

Indium ist sehr weich und kann mit dem Messer, kleine Kügelchen sogar mit dem Fingernagel (!) zerteilt werden. Es ist darüber hinaus sehr biegsam; man hört dabei ähnliche Geräusche wie beim Verbiegen von Stangen des im Periodensystem benachbarten Zinns. Indium kristallisiert unter Normalbedingungen tetragonal-innenzentriert, direkt umgeben von den acht auf den Ecken der Elementarzelle befindlichen sowie vier aus der jeweils benachbarten Elementarzelle stammenden Atomen, so dass man hier auch von einer tetragonal verzerrten, kubisch-dichtesten Kugelpackung sprechen kann. Es gibt zusätzlich nur noch eine einzige weitere Modifikation, die nur unter Anwendung sehr hoher Drücke (>45 GPa) erzeugt werden kann und orthorhombisch kristallisiert (Takemura und Fujihaza 1993; Graham et al. 1954).

Chemische Eigenschaften Diese – und auch die physikalischen Eigenschaften – ähneln wesentlich mehr denen der direkt homologen Elemente Gallium und auch Thallium als denen des immerhin auch in derselben 3. Hauptgruppe befindlichen Aluminiums.

Indium reagiert bei erhöhter Temperatur direkt mit den meisten Nichtmetallen, wird bei Raumtemperatur an der Luft jedoch durch Sauerstoff passiviert, überzieht sich demnach mit einer schützenden Oxidhaut. Indium wird durch kaltes, heißes und auch salzhaltiges Wasser nicht angegriffen, ebenso nicht durch Basen (Unterschied zu Gallium und Aluminium), löst sich aber in starken Mineralsäuren. Indium löst sich in Quecksilber sehr gut.

Verbindungen

Verbindungen mit Halogenen: Die alle aus Indium und dem jeweiligen Halogen zugänglichen Indium-III-halogenide sind Lewis-Säuren und werden durch Wasser zu Indium-III-hydroxid bzw. -oxid und dem entsprechenden Halogenwasserstoff zersetzt.

Indium-III-chlorid setzt man als Katalysator bei der Reduktion organischer Verbindungen ein und erzeugt es durch Verbrennen von Indium in Chlorgas oder durch

Umsetzung eines Gemischs aus Indium-III-oxid und Kohle mit Chlor (Noel 2012; Holleman et al. 1985, S. 891):

$$2\,In + 3\,Cl_2 \rightarrow 2\,InCl_3 \qquad In_2O_3 + 3\,C + 3\,Cl_2 \rightarrow 2\,InCl_3 + 3\,CO$$

Es ist selbstverständlich auch möglich, Indium-III-chlorid durch Auflösen von Indium in Salzsäure darzustellen, jedoch tritt beim Versuch, das wasserfreie Salz durch Erhitzen des Hydrats zu erhalten, immer eine teilweise Hydrolyse ein.

Eine alternative Herstellmethode unter wasserfreien Bedingungen ist daher noch die Reaktion von Indium-III-oxid mit Thionylchlorid bei Temperaturen um 300 °C (Brauer 1975, S. 867):

$$In_2O_3 + 3\,SOCl_2 \rightarrow 2\,InCl_3 + 3\,SO_2$$

Die Verbindung hat mit 586 °C einen deutlich höheren Schmelzpunkt als Gallium-III- oder Aluminiumchlorid.

Indium-III-fluorid (InF_3) ist ein farbloser, hochschmelzender (1170 °C) Feststoff, der schwer löslich in Wasser, aber leicht löslich in verdünnten Säuren ist. Man stellt ihn aus Indium-III-oxid und Fluor oder aus Indium-III-chlorid und Fluorwasserstoff her (Brauer 1975, S. 240). Es wird unter anderem zur Herstellung von Spezialgläsern verwendet (Atta-ur-Rahman 2001; Hoppe und Kissel 1984).

In vielen organischen Synthesen eingesetzt wird dagegen Indium-III-bromid ($InBr_3$), ein grauer Feststoff vom Schmelzpunkt 436 °C, so beispielsweise bei der Dithioacetalisierung von Aldehyden in nicht-wässrigen und wässrigen Medien (Ceschi et al. 2000), bei reduktiven Aldolkondensationen (Shibata et al. 2004) und bei Additionen von Indolen zu Enonen (Bandini et al. 2002).

Verbindungen mit Chalkogenen Indium-III-oxid (In_2O_3) ist ein hochschmelzender (1910 °C), gelber, stabiler III-VI-Verbindungshalbleiter, der jedoch direkt zu einem Mischoxid mit sehr geringem Anteil an Zinn-IV-oxid weiter verarbeitet wird. Dieses Mischoxid ist transparent und zugleich elektrisch leitfähig, wodurch sich viele Anwendungsmöglichkeiten ergeben, vor allem als Stromleiter in Flüssigkristallbildschirmen (LCD), organischen Leuchtdioden (OLED), Touchscreens und Solarzellen. Für Einsätze größeren Bedarfs ist es gelegentlich möglich, dieses „Indiumzinnoxid" durch Aluminiumoxid-dotiertes Zinkoxid zu ersetzen (Bräuer 2005; Steiger et al. 2002; Fenske et al. 2002).

Indium-III-sulfid (In_2S_3) ist ein III-VI-Halbleiter mit einer Bandlücke von ca. 2 eV, der anstelle von Cadmiumsulfid in Solarzellen verwendet wird (Barreau et al. 2002).

Verbindungen mit Pnictogenen III-V-Verbindungshalbleiter wie Indiumnitrid, -phosphid, arsenid und -antimonid werden in Leucht-, Foto- oder Laserdioden in Abhängigkeit von ihrer Bandlücke unterschiedlich eingesetzt. Nanodrähte aus Indiumphosphid zeigen eine stark anisotrope Photolumineszenz, weshalb sie potenziell für sensible Photodetektoren sehr interessant sind (Wang et al. 2001).

Organische Verbindungen Organische Indiumverbindungen der Formeln InR_3 und InR sind empfindlich gegen Sauerstoff und Wasser und werden als Dotierungsreagenz bei der Produktion von Halbleitern genutzt. Ausführlich wurden einige von ihnen bereits von Hartmann und Lutsche (1962) beschrieben.

Anwendungen Indium ist selten und teuer, hat aber viele mögliche Anwendungen. Etwa zwei Drittel der gesamten Menge des produzierten Indiums wird zu Indiumzinnoxid weiter verarbeitet, der Rest geht in die Herstellung von III-V-Halbleitern (Indiumphosphid, -arsenid).

Mit Indium beschichtete Metallteile sind gut vor Korrosion durch Säuren, Salzlösungen und Abrieb geschützt, was früher für Gleitlager in Automobilen oder Flugzeugen ausgenutzt wurde, jetzt aber nicht mehr wirtschaftlich ist. Dünne aus Indium bestehende Beschichtungen weisen eine starke Reflexion über den gesamten Wellenlängenbereich hinweg auf.

Da der Schmelzpunkt des Indiums sehr niedrig liegt und exakt bestimmbar ist, ist er einer der Fixpunkte für die Temperaturskala, was bei der Kalibrierung in der dynamischen Differenzkalorimetrie genutzt wird.

Indium zeigt einen hohen Einfangquerschnitt für Neutronen und ist daher als Komponente von in Kernkraftwerken verwendeten Steuerstäben von theoretischem Interesse. Dichtungen von Kryostaten sind wegen der guten Verformbarkeit des Metalls manchmal aus Indium gefertigt. Zudem kann es als eines der wenigen Metalle auch nichtmetallische Werkstoffe (Glas, Keramik) miteinander verlöten.

Indium wirkt in seinen Legierungen stark schmelzpunktssenkend. Trifft es mit ebenfalls niedrig schmelzenden Metallen wie Bismut, Zinn, Cadmium und Blei zusammen, können Schmelzpunkte von unter 100 °C realisiert werden (Greenwood und Earnshaw 1988). Insbesondere ist Indium ein unbedenklicher Ersatzstoff für das sehr giftige Blei. Derartige Legierungen des Indiums schmelzen bei erhöhter, z. B. durch Feuer verursachter Umgebungstemperatur und lösen so elektrische Schaltungen in Sprinkleranlagen und Thermostaten aus.

Toxizität Als Metall zeigt Indium zwar so gut wie keine toxischen Wirkungen, jedoch erwiesen sich gelöste Indiumverbindungen bei Ratten und Kaninchen als giftig für den Embryo und sind zudem erbgutverändernd (Ungváry et al. 2000).

Applikationen von Indiumionen während der ersten Schwangerschaftstage verstärkten bei den untersuchten Tieren die Wirkung noch. Bei Mäusen waren dagegen keine Missbildungen zu beobachten (Nakajima et al. 1998, 1999, 2000; Chapin et al. 1995). In einigen Fällen wurde eine Toxizität gegenüber Wasserorganismen festgestellt (Zurita et al. 2007).

In der Nuklearmedizin markiert man weiße Blutkörperchen mit $^{111}_{49}In$-markiertem Oxin zum Zwecke szintigraphischer Aufnahmen (Meller 2015; Thakur 1977).

5.5 Thallium

Symbol	Tl		
Ordnungszahl	81		
CAS-Nr.	7440-28-0		
Aussehen	Silbrig-weiß, glänzend	Thallium, unter Luftabschluss (Oelen 2011)	Thallium, an Luft korrodiert (Dschwen 2006)
Entdecker, Jahr	Crookes (England), 1861 Lamy (Frankreich), 1861 (Lamy 1862; James 1984)		
Wichtige Isotope [natürliches Vorkommen (%)]	Halbwertszeit	Zerfallsart, -produkt	
$^{203}_{81}Tl$ (29,524)	Stabil	–	
$^{205}_{81}Tl$ (70,476)	Stabil	–	
Massenanteil in der Erdhülle (ppm)		0,29	
Atommasse (u)		204,38	
Elektronegativität (Pauling ♦ Allred&Rochow ♦ Mulliken)		1,62 ♦ k.A. ♦ K. A.	
Normalpotential für: $Tl^+ + e^- > Tl$ (V)		−0,336	
Atomradius (pm)		190	
Van der Waals-Radius (berechnet, pm)		196	
Kovalenter Radius (pm)		145	
Ionenradius (Tl^{3+} ♦ Tl^+, pm)		k. A. ♦ 95	
Elektronenkonfiguration		[Xe] $4f^{14}$ $5d^{10}$ $6s^2$ $6p^1$	
Ionisierungsenergie (kJ/mol), erste ♦ zweite ♦ dritte		589 ♦ 1971 ♦ 2878	
Magnetische Volumensuszeptibilität		$-3{,}7 * 10^{-5}$	
Magnetismus		Diamagnetisch	
Kristallsystem		Hexagonal	
Elektrische Leitfähigkeit ([A/(V * m)], bei 300 K)		$6{,}67 * 10^6$	
Elastizitäts- ♦ Kompressions- ♦ Schermodul (GPa)		8 ♦ 43 ♦ 2,8	
Vickers-Härte ♦ Brinell-Härte (MPa)		– ♦ 26,5–44,7	
Mohs-Härte		1,2	
Schallgeschwindigkeit (m/s, bei 293,15 K)		818	

Dichte (g/cm³, bei 293,15 K)	11,85
Molares Volumen (m³/mol, im festen Zustand)	$17{,}22 * 10^{-6}$
Wärmeleitfähigkeit ([W/(m * K)])	46
Spezifische Wärme ([J/(mol * K)])	26,32
Schmelzpunkt (°C ♦ K)	304 ♦ 577
Schmelzwärme (kJ/mol)	4,2
Siedepunkt (°C ♦ K)	1460 ♦ 1733
Verdampfungswärme (kJ/mol)	162

Vorkommen Thallium ist ziemlich selten; demzufolge gibt es auch nur sehr wenige thalliumhaltige Mineralien wie Crookesit (Cu_7TlSe_4, Schweden und Russland), Lorándit ($TlAsS_2$, USA) oder Hutchinsonit ($TlPbAs_5S_9$, Schweiz), die aber in Ermangelung ihrer Menge nicht für eine Produktion des Metalls ausreichen (Guberman 2010). Nur im südlichen Mazedonien existiert eine Mine (Alchar), die noch über ein Potential von ca. 500 t Thallium verfügt und in der früher Thalliumminerale auch abgebaut wurden (Janković 1988). Sogar in den auf dem Meeresboden gefundenen Manganknollen konnte das Vorhandensein von Thallium nachgewiesen werden. In der „sichtbaren" Erdkruste kommt Thallium aber meist nur als Begleiter in Tonen und Graniten vor. Die jährliche Produktionsmenge ist mit ca. 10 t äußerst gering, weshalb sein Anfall als Nebenprodukt bei der Verhüttung von Kupfer, Zink und Eisen genügt (Guberman 2010).

Das Isotop ${}^{205}_{81}Tl$ ist das Endprodukt der Neptunium-Zerfallsreihe und wird durch α-Zerfall des Isotops ${}^{209}_{83}Bi$ gebildet. Dieses hat jedoch mit $1{,}9 \times 10^{19}$ Jahren eine extrem lange Halbwertszeit und trägt daher, auch über sehr lange Zeiträume gesehen, kaum zur Erhöhung des Anteils von ${}^{205}_{81}Tl$ in der Erdkruste bei.

Gewinnung Metallisches Thallium wird meist als Nebenprodukt beim Schmelzen und Rösten von Blei- und Zinkerzen durch Ausfällen mit Zink gewonnen. Thallium trennt man daher entweder aus dem Flugstaub oder aber aus den Schlacken der Schmelze durch Auslaugen mittels Schwefelsäure ab. Durch aufeinander folgende Fällungs- und Löseprozesse reinigt man das Metall weiter, schließlich gewinnt man es elektrolytisch unter Verwendung von Elektroden aus Platin oder rostfreiem Stahl (Downs 1993, S. 90, 106).

Eigenschaften Das im Periodensystem zwischen Quecksilber (Ordnungszahl: 80) und Blei (Ordnungszahl: 82) stehende Thallium ist wie diese ein äußerst giftiges Schwermetall, das weich und hämmerbar ist. Frische Schnittflächen sind hochglänzend, überziehen sich aber nach kurzer Zeit mit einer blaugrauen Oxidschicht. An feuchter Luft korrodiert Thallium stark (siehe Foto), da sich an seiner Oberfläche Thallium-I-hydroxid, eine starke Base, bildet. Von Schwefel- und Salpetersäure wird es schnell gelöst, nicht aber von Salzsäure, da dabei an der Metalloberfläche eine sehr schwer lösliche Schicht aus Thallium-I-chlorid (TlCl) entsteht. In Alkalilaugen ist Thallium nicht löslich.

Im Gegensatz zu seinen niedrigeren Homologen Indium, Gallium und namentlich Aluminium tritt Thallium bevorzugt mit der Oxidationszahl +1 auf, jedoch sind auch +3 und – seltener – +2 möglich. Thallium erscheint daher als Begleiter in vielen Mineralien für Kationen der jeweiligen Oxidationszahl. Insbesondere besteht eine starke Ähnlichkeit mit Kalium- und auch Silberionen, da die Ionenradien vergleichbar groß sind. Thallium-I-carbonat (Tl_2CO_3) ist das einzige leicht wasserlösliche Schwermetallcarbonat (vergleiche Kaliumcarbonat), Thallium-I-hydroxid (TlOH) eine starke Base (wie auch Alkalihydroxide), und die Thallium-I-halogenide sind schwer löslich in Wasser; letzteres erinnert an die Eigenschaften der Silberhalogenide.

Mit Halogenen reagiert Thallium schon bei Raumtemperatur, teils sogar heftig. Namensgebend für Thallium war die intensiv grüne Färbung der Flamme (Emission bei 535 nm), die von Thallium oder seinen Verbindungen verursacht wird (gr. thallos: grüner Zweig).

Verbindungen

Verbindungen mit Chalkogenen: Thallium-I-hydroxid (TlOH) ist ein farbloser bis gelber Feststoff (Eagleson 1994). Die kristallinen Nadeln sind in Wasser und Ethanol löslich. Eine konzentrierte wässrige Lösung von TlOH greift Glas an und reagiert stark basisch; wie die Alkalihydroxide absorbieren sie Kohlendioxid aus der Luft unter Bildung des Carbonats. Sauerstoff oxidiert TlOH zu Thallium-III-oxid (Tl_2O_3) (Rich 2007), wie auch wässrige Lösungen der Verbindung bei Luftzutritt (Sauerstoff) und erst recht durch Ozon dunkel gefärbt werden.

Thallium-I-oxid (Tl_2O) entsteht durch Erhitzen von TlOH auf eine Temperatur von 100 °C und ist ein stark wasseranziehender, schwarzer Feststoff vom Schmelzpunkt 579 °C, der sich in Wasser leicht unter Rückbildung des Hydroxids löst.

Thallium-I-sulfid (Tl_2S) ist ein tiefschwarzer, wasserunlöslicher Feststoff, der durch Reaktion von Thallium mit Schwefel, durch Umsetzung von Thalliumethylat mit Schwefelwasserstoff (H_2S) (Brauer 1975, S. 884), oder auch durch Einleiten von H_2S in wässrige Lösungen von Thalliumsalzen zugänglich ist. In der Natur kommt er als Mineral Carlinit vor. Tl_2S ist oberhalb einer Temperatur von 300 °C merklich flüchtig.

Thallium-III-oxid (Tl_2O_3) kommt sogar natürlich in Form des sehr seltenen Minerals Avicennit vor. Man gewinnt es durch Einleiten von Chlor in eine wässrige Lösung von Thallium-I-nitrat und Kaliumhydroxid. Es ist ein mäßig starkes Oxidationsmittel und spaltet erst bei hoher Temperatur Sauerstoff unter Bildung von Thallium-I-oxid ab. Tl_2O_3 ist ein braunschwarzer, wasserunlöslicher Feststoff vom Schmelzpunkt 717 °C.

Verbindungen mit Halogenen Thallium-I-fluorid (TlF) ist ein weißer, wasseranziehender, kristalliner Feststoff vom Schmelzpunkt 327 °C, der in Wasser mit alkalischer (!) Reaktion löslich ist. Man stellt es aus Thallium-I-carbonat und Flusssäure her:

$$Tl_2CO_3 + H_2F_2 \rightarrow 2\,TlF + CO_2 + H_2O$$

Thallium-I-chlorid (TlCl) entsteht durch Reaktion von Thallium-I-sulfat mit Salzsäure als schwer wasserlöslicher, weißer Feststoff mit Schmelzpunkt 430 °C und der Dichte 7,0 g/cm³. Es findet bei sehr speziellen organischen Synthesen Verwendung. Nur in Säuren ist es leicht löslich (Crookes 1862).

Thallium-I-bromid (TlBr) ist analog aus Thallium-I-sulfat und Bromwasserstoffsäure zugänglich und bildet grünlichgelbe, schwer wasserlösliche Kristalle, die bei 456 °C schmelzen. Ein Mischkristall mit Thallium-I-iodid dient als Lichtwellenleiter bei der ATR-Infrarotspektroskopie (ATR: abgeschwächte Totalreflexion) (Michaelhollas 2000). Diese wird heute vielfach zur Untersuchung der Oberfläche undurchsichtiger Stoffe eingesetzt.

Thallium-III-fluorid (TlF_3) ist durch Umsetzung von Thallium-III-oxid mit Fluor oder Schwefeltetrafluorid erhältlich und ein weißer, sehr hydrolyseempfindlicher Feststoff, der durch Wasser sofort zersetzt wird.

Anwendungen Früher wurde Thallium-I-sulfat oft als Rattengift eingesetzt, ist aber wegen dessen starker Giftwirkung auf Menschen in vielen Ländern für diesen Zweck verboten.

Legierungen mit Quecksilber haben Schmelzpunkte bis herab zu −58 °C. Eine Legierung der Zusammensetzung $Hg_{0,8}Tl_{0,2}Ba_2Ca_2Cu_3O_8$ hält seit 1994 den Rekord für „Hochtemperatur-Supraleiter" mit einer Sprungtemperatur von −135 °C (138 K) (Sun et al. 1994).

In der Optik verwendet man es als Zusatz in tiefschmelzenden und/oder in infrarotdurchlässigen Gläsern und solchen mit hohem Brechungsindex.

In der Medizin injiziert man mit $^{201}_{81}Tl$ markierte Tracer intravenös.

Das halbleitende, in Thermoelementen eines Temperaturbereiches von 200–600 °C eingesetzte Blei-II-tellurid wird mit Thallium zwecks Steigerung der Wirksamkeit dotiert (Bullis 2008).

Toxizität Gelöstes, chemisch gebundenes Thallium wird im Körper über den Magen-Darm-Trakt oder die Lunge aufgenommen. Tl^{3+}-Ionen werden dabei schnell zu Tl^+ -Ionen reduziert; jenes gelangt über den Blutkreislauf zügig in die Organe. Da Tl^+ einen zu K^+ vergleichbaren Ionenradius besitzt, hat es auch zu diesem ähnliche physiologische Eigenschaften und wird wie dieses verteilt. Vor allem in Nieren, Leber und Dickdarm reichert sich Thallium, aber auch in Knochen, Haaren und Finger- bzw. Fußnägeln an. Eine relativ wirksame und einigermaßen folgenlose Entgiftung ist nur durch Verabreichung einer wässrigen Lösung von Eisen-III-hexacyanoferrat-II möglich. Das über die Galle ausgeschiedene Tl^+ wird so chemisch gebunden, unschädlich gemacht und schließlich über den Kot ausgeschieden.

Die Ursache der Giftwirkung beruht wie beim Quecksilber und Blei auf einer Zerstörung schwefelhaltiger Enzyme und Aminosäuren infolge Bildung wasserunlöslichen Schwermetallsulfids. Die tödliche Dosis für Erwachsene beträgt ein knappes Gramm. Eine akute Vergiftung beginnt meist mit unregelmäßigem Stuhlgang und setzt sich nach einigen Tagen mit Haarausfall fort. Danach treten neurologische und psychische Störungen auf, die sich beispielsweise als übermäßige Schmerzwahrnehmung an Extremitäten äußern. Im weiteren Fortgang der Vergiftung stellt sich als Folge der Lähmung von Hirnnerven eine erhebliche Beeinträchtigung des Sehvermögens ein, auf die schwere Herzrhythmusstörungen folgen. Als Endstufe dieses Erkrankungsbildes tritt der Tod ein. Thalliumverbindungen dienten ebenso wie die des Bleis, Quecksilbers und Arsens als „zuverlässig wirkende" Gifte, mit denen Menschen ermordet wurden (Emsley 2006).

Wird eine akute Vergiftung überstanden, so besteht immer noch das Risiko einer Darmperforation, von bleibenden Nervenschäden, Muskelschwund sowie verringerter geistiger Leistungsfähigkeit. Die Körperbehaarung entwickelt sich nach wenigen Monaten wieder neu. Geringere Mengen führen zu einer chronischen Vergiftung, die längere Zeit unerkannt bleiben kann (eventuell sind Mees-Nagelbänder zu beobachten), dies weist dann allerdings meist auf eine beabsichtigte Vergiftung hin, da eine natürliche Aufnahme toxischer Mengen kaum gegeben ist.

Für Thallium wurde noch keine biologische Funktion bestätigt.

5.6 Ununtrium

Symbol	Uut		
Ordnungszahl	113		
CAS-Nr.	54084-70-7		
Aussehen	Unbekannt, wahrscheinlich metallisch		
Entdecker, Jahr	Vereinigtes Institut für Kernforschung (Russland) Lawrence Livermore National Laboratory (USA), 2003		
Wichtige Isotope [natürliches Vorkommen (%)]	Halbwertszeit	Zerfallsart, -produkt	

$^{283}_{113}Uut$ (synthetisch)	100 ms	α>$^{279}_{111}Rg$
$^{284}_{113}Uut$ (synthetisch)	0,48 s	α>$^{280}_{111}Rg$
Massenanteil in der Erdhülle (ppm)		–
Atommasse (u)		(287)[a]
Elektronegativität (Pauling ♦ Allred&Rochow ♦ Mulliken)		Keine Angabe
Normalpotential für: $Fl^{2+} + 2\,e^{-} > Fl$ (V)		Keine Angabe
Atomradius (pm)		170[a]
Van der Waals-Radius (berechnet, pm)		Keine Angabe
Kovalenter Radius (pm)		172–180[a]
Elektronenkonfiguration		[Rn] $5f^{14}\,6d^{10}\,7s^{2}\,7p^{1}$
Ionisierungsenergie (kJ/mol), erste ♦ zweite ♦ dritte		705[a] ♦ 2239[a] ♦ 3203[a]
Magnetische Volumensuszeptibilität		Keine Angabe
Magnetismus		Diamagnetisch
Kristallsystem		Keine Angabe
Schallgeschwindigkeit (m/s, bei 273,15 K)		Keine Angabe
Dichte (g/cm^3, bei 293,15 K)		16–18[a]
Molares Volumen (m^3/mol, im festen Zustand)		$18{,}0 * 10^{-6}$[a]
Wärmeleitfähigkeit ([W/(m∗K)])		Keine Angabe
Spezifische Wärme ([J/(mol∗K)])		Keine Angabe
Schmelzpunkt (°C ♦ K)		430 ♦ 700[a]
Schmelzwärme (kJ/mol)		7,61[a]
Siedepunkt (°C ♦ K)		1130 ♦ 1430[a]
Verdampfungswärme (kJ/mol)		130[a]

[a] Geschätzte bzw. vorhergesagte Werte

Herstellung Im Rahmen einer im Jahre 2003 durchgeführten Zusammenarbeit des Vereinigten Instituts für Kernforschung (Dubna, Russland) und dem amerikanischen Lawrence Livermore National Laboratory wurden Kerne des Isotops $^{243}_{95}Am$ (Americium, siehe das Buch der Essential-Reihe zu Radioaktiven Elementen/Actinoiden) mit schweren Kernen des Calciums ($^{48}_{20}Ca$) beschossen. Die so erzeugten Kerne $^{287}_{115}Uup$ und $^{288}_{115}Uup$ des Ununpentiums (siehe Essential zu Pnictogenen) erleiden jeweils α-Zerfall zu den Isotopen $^{283}_{113}Uut$ und $^{284}_{113}Uut$ des Ununtriums (Oganessian et al. 2004, 2005).

2004 beschossen Forscher der Arbeitsgruppe um Morita des Japanischen Forschungsinstituts für Naturwissenschaften (RIKEN) Bismut- ($^{209}_{83}Bi$) mit Zinkkernen ($^{70}_{30}Zn$); Resultat war ein einziges Atom des Ununtriums ($^{278}_{113}Uut$). Acht Jahre später erhielt diese Gruppe dasselbe Atom des Ununtriums im Zuge eines neuerlichen Experiments wieder und wies es auch durch dessen sechs aufeinander folgende α-Zerfälle nach, die bis zum Isotop $^{254}_{101}$Md führten (Morita et al. 2004, 2012; Chowdhury et al. 2007).

Bisher haben jedoch die Arbeiten beider Gruppen die IUPAC nicht davon überzeugen können, dem Element einen Namen zu geben (Barber et al. 2011). Namentlich das RIKEN plant die Durchführung weiterer Versuche, um den Nachweis eindeutig und abschließend zu führen und somit auch das erste Vorschlagsrecht für die Namensgebung zu erhalten. RIKEN schlug hierfür bereits die Namensalternativen Japonium, Rikenium und Nishinanium (Nishina, ein japanischer Kernphysiker) vor.

Eigenschaften Ununtrium ist das schwerste Element der dritten Hauptgruppe. Es soll sich in einigen Eigenschaften deutlich von seinen leichteren Homologen unterscheiden:

Gerade bei den superschweren Elementen ist die Spin-Orbital-Wechselwirkung von besonderer Bedeutung, da ihre Elektronen sich in der Atomhülle wesentlich schneller bewegen -nahezu mit Lichtgeschwindigkeit- als sie dies bei leichteren Atomen machen (Thayer 2010). Die zwei 7s-Elektronen sind praktisch inert und beteiligen sich nicht mehr oder kaum noch an chemischen Bindungen -das sogenannte inerte Elektronenpaar- (Fægri Jr und Saue 2001). Als stabilste Oxidationszahl wird eindeutig +1 erwartet, gleichzeitig soll Ununtrium weniger reaktiv als Thallium sein (Haire 2006; Bonchev und Kamenska 1981; Fricke 1975). Die Möglichkeit der Existenz höherer Oxidationsstufen wird diskutiert, jedoch soll +3 instabiler als +1 sein. Die Elektronegativität soll die höchste aller Elemente der 3. Hauptgruppe sein (!), weshalb sogar die Möglichkeit einer Oxidationszahl −1 diskutiert wird, mit deren Hilfe aber lediglich die halbgefüllte $7s^2p^6$-Schale (Konfiguration des Fleroviums) erreicht würde.

Dem Uut^+-Ion wird mehr Ähnlichkeit mit Ag^+ (Silber) als mit Tl^+, dem Homologen aus derselben Gruppe, zugeschrieben.

Das längstlebige Isotop $^{286}_{113}$Uut ist auch das schwerste bisher entdeckte des Elements und hat eine Halbwertszeit von immerhin 20 s. Das instabilste Isotop ist zugleich das leichteste ($^{278}_{113}$Uut) mit einer Halbwertszeit von 0,24 ms.

In den Jahren 2010 bis 2012 führte man einige Versuche durch, um die Sublimationsenthalpie bzw. allgemein die Flüchtigkeit von Ununtrium zu messen. Theoretisch sagt man eine Sublimationsenthalpie von 150 kJ/mol voraus (Eichler 2013).

Verbindungen Die chemischen Eigenschaften des Elements müssen immer noch eindeutig bestimmt bzw. vorhergesagt werden (Düllmann 2012; Eichler 2013). In jedem Fall ist die Halbwertszeit der Isotope$^{284}_{113}$Uut, $^{285}_{113}$Uut, und $^{286}_{113}$Uut lang genug, um sie daraufhin untersuchen zu können. Konkretere Ergebnisse konnten bisher noch nicht erhalten werden.

Literatur

J. Achtziger et al., *Mauerwerk Atlas*, Institut für internationale Architektur-Dokumentation, S. 59, 2001

J.W. Anthony et al., Aluminium, in *Handbook of Mineralogy* (Mineralogical Society of America, Chantilly, 2010)

D. Askeland, *Materialwissenschaft* (Spektrum Verlag, Heidelberg, 1996), S. 364

Atta-ur-Rahman, *Advances in Organic Synthesis: Modern Organofluorine Chemistry-Synthetic Aspects* (Bentham Science Publishers, Oak Park, 2005), S. 192. ISBN 160805197-8

M. Bandini et al., Tandem one-pot InBr3 catalyzed 1,2–1,4 nucleophilic addition to enones. Designing the synthesis of poly-functionalized compounds with atom-efficient processes. J. Org. Chem. **67**, 3700–3704 (2002)

R.C. Barber et al., Discovery of the elements with atomic numbers greater than or equal to 113 (IUPAC Technical Report). Pure Appl. Chem. **83**(7), 1485 (2011)

N. Barreau et al., Structural, optical and electrical properties of β-In2S 3>-3xO3x thin films obtained by PVD. Thin Solid Films **403–404**, 331–334 (2002)

U. Baudis, R. Fichte, Boron and Boron Alloys, in *Ullmann's Encyclopedia of Industrial Chemistry* (Wiley-VCH Verlag GmbH & Co, KGaA, Weinheim, 2012)

T. Bauer, *Thermophotovoltaics: Basic Principles and Critical Aspects of System Design* (Springer-Verlag, Berlin, 2011), S. 67

K.J. Beckmann et al., *Handbuch für Bauingenieure. Technik, Organisation und Wirtschaftlichkeit*, 2. Aufl. (Springer Verlag, Heidelberg, 2012), S. 182. ISBN 978-3-642-14449-3

U. Boin et al., *Stand der Technik in der Sekundäraluminiumerzeugung im Hinblick auf die IPPC-Richtlinie* (Österreichisches Umweltbundesamt, Wien, 2000). ISBN 3-85457-534-3

D. Bonchev, V. Kamenska, Predicting the properties of the 113-120 transactinide elements. J. Phys. Chem. **85**(9), 1177–1186 (1981)

L. Bosio, Crystal structure of Ga(II) and Ga(III). J. Chem. Phys. **68**(3), 1221–1223 (1978)

L. Bosio, A. Defrain, Structure cristalline du gallium β. Acta Cryst. **B25**, 995 (1969)

L. Bosio et al., Structure cristalline de Ga γ. Acta. Cryst. **B28**, 1974–1975 (1972)

L. Bosio et al., Structure cristalline de Ga δ. Acta Cryst. **B29**, 367–368 (1973)

G. Brauer, *Handbuch der Präparativen Anorganischen Chemie*, 3. Aufl., Bd. I (Enke-Verlag, Stuttgart, 1975), S. 240. ISBN 3-432-02328-6

H. Sicius, *Erdmetalle: Elemente der dritten Hauptgruppe*, essentials,
DOI 10.1007/978-3-658-11444-2

G. Brauer, *Handbuch der Präparativen Anorganischen Chemie*, 3. Aufl., Bd. I (Enke-Verlag, Stuttgart, 1975), S. 857. ISBN 3-432-02328-6

G. Brauer, *Handbuch der Präparativen Anorganischen Chemie*, 3. Aufl., Bd. I (Enke-Verlag, Stuttgart, 1975), S. 862. ISBN 3-432-02328-6

G. Brauer, *Handbuch der Präparativen Anorganischen Chemie*, 3. Aufl., Bd. I (Enke-Verlag, Stuttgart, 1975), S. 867. ISBN 3-432-02328-6

G. Brauer, *Handbuch der Präparativen Anorganischen Chemie*, 3. Aufl., Bd. I (Enke-Verlag, Stuttgart, 1975), S. 884. ISBN 3-432-02328-6

G. Bräuer, *Transparent leitfähige Oxide - Eigenschaften, Herstellung und Anwendungsgebiete* (Fraunhofer-Institut für Elektronenstrahl- und Plasmatechnik, Deutschland Dresden und Fraunhofer-Institut für Schicht- und Oberflächentechnik, Braunschweig, 2005)

H. Braunschweig et al., Ambient-temperature isolation of a compound with a boron-boron triple bond. Science **15**(336/6087), 1420–1422 (2012)

K. Bullis, Strom aus Abgas-Abwärme, Technology Review online (2008, 31. Juli). Zugegriffen: 4. Aug. 2015

M.A. Ceschi et al., Indium tribromide-catalyzed chemoselective dithioacetalization of aldehydes in non-aqueous and aqueous media. Tetrahedron Lett. **41**, 9695–9699 (2000)

R.E. Chapin et al., The reproductive and developmental toxicity of indium in the Swiss mouse. Fundam Appl. Toxicol. **27**, 140–148 (1995)

P.R. Chowdhury et al., α decay chains from element 113. Phys. Rev. C. **75**(4), 047306 (2007)

W. Crookes, Preliminary researches on thallium. Proc. Royal Soc. Lond. **12**, 150–159 (1862)

D. Ans et al., *Taschenbuch für Chemiker und Physiker* (Springer Verlag, Heidelberg, 1998), S. 462. ISBN 364258842-5

M. Dienhart, *Ganzheitliche Bilanzierung der Energiebereitstellung für die Aluminiumherstellung* (Dissertation an der Rheinisch-Westfälischen Technischen Hochschule Aachen, Deutschland, 2003, Juni), S. 7

A.J. Downs, *Chemistry of Aluminium, Gallium, Indium, and Thallium*, (Springer Verlag, Heidelberg, 1993), S. 132. ISBN 075140103-X

A.J. Downs, *Chemistry of Aluminium, Gallium, Indium, and Thallium*, (Springer Verlag, Heidelberg, 1993), S. 90 und 106. ISBN 075140103-X

G. Dripps et al., Environment, health and safety issues for sources used in MOVPE growth of compound semiconductors. J. Cryst. Growth **272**, 816–821 (2004)

Dschwen, Foto „Thallium" (2006)

E. Düllmann, Superheavy elements at GSI: A broad research program with element 114 in the focus of physics and chemistry. Radiochim. Acta **100**(2), 67–74 (2012)

E. Dünges, H. Schmidbaur, Gallium, indium, thallium, Hrsg. G. Brauer, *Handbuch der Präparativen Anorganischen Chemie*, Bd. II. (Ferdinand Enke Verlag, Stuttgart, 1978), S. 844–846. ISBN 3-432-87813-3

M. Eagleson, *Concise Encyclopedia Chemistry* (De Gruyter Verlag, Berlin, 1994), S. 1088. ISBN 311085403-1

EFSA, Scientific opinion of the panel on food additives, flavourings, processing aids and food contact. Materials on a request from European Commission on safety of aluminium from dietary intake. The EFSA J. **754**, 1–34 (2008)

R. Eichler, First foot prints of chemistry on the shore of the Island of superheavy elements. J. Phys. Conf. Ser. (IOP Science) **420**(1) (2013)

J. Emsley, Thallium, The Elements of Murder: A History of Poison (Oxford University Press, 2006), S. 326–327. ISBN 978-0-19-280600-0

H. Eschnauer, Die Verwendung von Aluminium in der Weinwirtschaft. Vitis **1**, 313–320 (1958)

B. Ezakii et al., Different mechanisms of four aluminum (Al)-resistant transgenes for Al toxicity in Arabidopsis. Plant Physiol. **127**(3), 918–927 (2001)

K. Fægri Jr., T. Saue, Diatomic molecules between very heavy elements of group 13 and group 17: A study of relativistic effects on bonding. J. Chem. Phys. **115**(6), 2456 (2001)

H.J. Fahrenwaldt, *Praxiswissen Schweißtechnik: Werkstoffe, Prozesse, Fertigung*, 3. Aufl (Vieweg+Teubner-Verlag, Wiesbaden, 2008), S. 205–206. ISBN 978-3-8348-0382-5

R. Feige, G. Merker, *SEROX - ein synthetischer Al-Glasrohstoff, Sitzung des Fachausschusses III „Glasrohstoffe und Glasschmelze" der Deutschen Glastechnischen Gesellschaft (DGG)* 11 (Würzburg, Deutschland, 2006, Okt.)

F. Fenske et al., *Al-dotierte ZnO-Schichten für a-Si/c-Si Solarzellen*, Zusammenfassung (FVS-Workshop TCO-Materialforschung, ForschungsVerbund Erneuerbare Energien, 2002)

P.C. Ferreira et al., Aluminum as a risk factor for Alzheimer's disease. Rev. Lat. Am. Enfermagem **16**(1), 151–157 (2008)

R. Flosdorff, G. Hilgarth, *Elektrische Energieverteilung*, 8. Aufl. (Springer Vieweg Verlag, Wiesbaden, 2003). Kap. 1.2.2.4. ISBN 3-519-26424-2

B. Fricke, Superheavy elements: A prediction of their chemical and physical properties. Recent Impact Phys. Inorg. Chem. **21**, 89–144 (1975)

A.H. Fritz, G. Schulze, *Fertigungstechnik*, 10. Aufl. (Springer-Verlag, Berlin, 2012), S. 36. ISBN 978-3-642-29785-4

H.J. Gitelman, Physiology of aluminum in man, in: *Aluminum and Health* (CRC Press, Boca Raton 1988), S. 90. ISBN 0-8247-8026-4

J. Goodyear et al., The unit cell of α-Ga2S 3. Acta Crystallographica **14**, 1168–1170 (1961)

J. Graham et al., The effect of temperature on the lattice spacings of indium. J. Inst. Met. **84**, 86–87 (1954)

J.F. Greber, Gallium and gallium compounds, in: *Ullmann's Encyclopedia of Industrial Chemistry*, 7. Aufl. (Wiley-VCH, Weinheim, 2005)

M.A. Green, M.J. Welch, Gallium radiopharmaceutical chemistry. Int. J. Radiat. Appl. Instrum., Part B, Nucl. Med. Biol. **16**(5), 435–448 (1989)

N.N. Greenwood, A. Earnshaw, *Chemie der Elemente*, 1. Aufl. (VCH Verlagsgesellschaft, Weinheim, 1988). ISBN 3-527-26169-9

D.E. Guberman, *Mineral Commodity Summaries 2010: Thallium* (United States Geological Survey, U. S. Department of the Interior, 2010). Zugegriffen: 4. Aug. 2015

M. Habermeyer, Aluminium, in: *Römpp Online* (Georg Thieme Verlag, Stuttgart, zuletzt aktualisiert Januar 2014). Zugegriffen: 21. Juli 2015

R.G. Haire, *Transactinides and the future elements*, in: *The Chemistry of the Actinide and Transactinide Elements*, J. Fuger, 3. Aufl. (Springer Science + Business Media, Dordrecht, 2006). ISBN 1-4020-3555-1

H. Hartmann, H. Lutsche, Über Gallium- und Indiumalkyle. Die. Naturwissenschaften **49**(8), 182–183 (1962)

A.F. Holleman, E. Wiberg, N. Wiberg, *Lehrbuch der Anorganischen Chemie*, 102. Aufl. (De Gruyter Verlag, Berlin, 2007), S. 1179. ISBN 978-3-11-017770-1

A.F. Holleman, E. Wiberg, N. Wiberg, *Lehrbuch der Anorganischen Chemie*, 102. Aufl. (De Gruyter Verlag, Berlin, 2007), S. 1181. ISBN 978-3-11-017770-1

A.F. Holleman, E. Wiberg, N. Wiberg, *Lehrbuch der Anorganischen Chemie*, 102. Aufl. (De Gruyter Verlag, Berlin, 2007), S. 1185–1193. ISBN 978-3-11-017770-1

A.F. Holleman, E. Wiberg, *Lehrbuch der Anorganischen Chemie* (De Gruyter Verlag, Berlin, 1985), S. 891

R. Hoppe, D. Kissel, Zur Kenntnis von AlF_3 und InF_3. J. Fluorine Chem. **24**, 327–340 (1984)

Y. Hou et al., Photocatalytic performance of α-, β-, and γ-Ga_2O_3 for the destruction of volatile aromatic pollutants in air. J. Catal. **250**(1), 12–18 (2007)

B. Ilschner, *Werkstoffwissenschaften und Fertigungstechnik Eigenschaften, Vorgänge, Technologien* (Springer Verlag, Berlin, 2010), S. 277. ISBN 978-3-642-01734-6

J. Inestroza, *Indium* (http://minerals.usgs.gov/minerals/pubs/commodity/indium/, U. S. Geological Survey, U. S. Department of the Interior, zuletzt geändert 5. Februar 2015). Zugegriffen: 3. Aug. 2015

F.A.J.L. James, Of ‚Medals and Muddles' the context of the fiscovery of thallium: William Crookes's early. Notes Rec. R. Soc. Lond. **39**(1), 65–90 (1984)

S. Jankovic, The Allchar Tl-As-Sb deposit, Yugoslavia and its specific metallogenic features, nuclear instruments and methods in Physics Research Section A: Accelerators, spectrometers, detectors and associated equipment, **271**(2), 286 (1988)

B.W. Jaskula, *Gallium (U.S. Geological Survey: Mineral Commodity Summaries)* (U.S. Department of the Interior, USA, 2009, Jan.)

T. Kenichi et al., High-pressure bct-fcc phase transition in Ga. Phys. Rev. **B58**, 2482–2486 (1998)

W. König, F. Klocke, *Fertigungsverfahren 1: Drehen, Bohren, Fräsen*, 8. Aufl. (Springer-Verlag, Heidelberg und Berlin, 2008), S. 319. ISBN 978-3-540-23458-6

C.A. Kraus, F.E. Toonder, Trimethyl gallium, Trimethyl gallium etherate and Trimethyl gallium ammine. Proc. Natl. Acad. Sci. **19**(3), 292–298 (1933)

C.-A. Lamy, De l'existencè d'un nouveau métal, le thallium. Comptes Rendus **54**, 1255–1262 (1862)

London Metal Exchange, Primary aluminium. http://www.lme.com/metals/non-ferrous/aluminium/. Zugegriffen: 23. Juli 2015

H.M. Manasevit et al., The use of metalorganics in the preparation of semiconductor materials. IV. The nitrides of aluminum and gallium, J. Electrochem. Soc. **118**(11), 1864–1868 (1971)

J.L. Marshall, Foto „Bor rhomboedrisch" (2013)

H.P. Maruska, J.J. Tietjen, Paramagnetic defects in GaN. Appl. Phys. Lett. **15**, 327 (1969)

E. Mastromatteo, F. Sullivan, Summary: International symposium on the health effects of boron and its compounds. Environ. Health Perspect. **102**(7), 139–141 (1994)

H. Matsumoto, Cell biology of aluminum toxicity and tolerance in higher plants. Int. Rev. Cytol. **200**, 1–46 (2000)

J. Meller, Verfahrensanweisung für die Indium-111-Oxin-Leukozyten-Szintigraphie bei entzündlichen oder infektiösen Erkrankungen (Deutsche Gesellschaft für Nuklearmedizin, Göttingen, 2015). Zugegriffen: 4. Aug. 2015

M. Merkel, K.-H. Thomas, *Taschenbuch der Werkstoffe*, 7. Aufl. (Hanser Verlag, München, 2008), S. 322–324. ISBN 978-3-446-41194-4

Metallium Inc., Foto „Aluminium", Watertown, MA, USA (2015)

Metallium Inc., Foto „Gallium", Watertown, MA, USA (2015)

Metallium Inc., Foto „Indium", Watertown, MA, USA (2015)

J. Michaelhollas, *Moderne Methoden in der Spektroskopie* (Springer Verlag, Heidelberg, 2000), S. 59. ISBN 978-3-540-67008-7

W. Morawiez, Herstellung von hochreinem Indium durch Amalgam-Elektrolyse. Chem. Ing. Tech. **36**, 4 (1964)

K. Morita et al., Experiment on the synthesis of element 113 in the reaction ^{209}Bi(^{70}Zn, n)^{278}113. J. Phys. Soc. Jpn. **73**(10), 2593–2596 (2004)

K. Morita et al., New results in the production and decay of an isotope, ^{278}113, of the 113th element. J. Phys. Soc. Jpn. **81**(10), 103201 (2012)

U. Müller, *Anorganische Strukturchemie*, 6. Aufl. (Vieweg + Teubner Verlag, Wiesbaden, 2008), S. 228. ISBN 978-3-8348-0626-0

M. Nakajima et al., Developmental toxicity of indium chloride by intravenous or oral administration in rats. Teratog. Carcinog. Mutagen **18**, 231–238 (1998)

M. Nakajima et al., Developmental toxicity of indium in cultured rat embryos. Teratog. Carcinog. Mutagen **19**, 205–209 (1999)

M. Nakajima et al., Comparative developmental toxicity study of indium in rats and mice. Teratog. Carcinog. Mutagen **20**, 219–227 (2000)

N.H. Nickel et al., Hydrogen in Semiconductors II, in *Semiconductors & Semimetals*, 61 (Academic Press Inc., San Diego, 1999). ISBN 0127521704

F. Noel, Indium and indium compounds, in: *Ullmann's Encyclopedia of Industrial Chemistry* (Wiley-VCH Verlag, Weinheim, 2012)

W. Oelen, Foto „Thallium“ (2011) http://woelen.homescience.net/science/index.html

Yu. Ts. Oganessian et al., Experiments on the synthesis of element 115 in the reaction 243Am(48Ca, xn)291-x115, Phys. Rev. C, **69**(2), 021601 (2004)

Yu. Ts. Oganessian et al., Synthesis of elements 115 and 113 in the reaction 243Am + 48Ca, Phys. Rev. C **72**(3), 034611 (2005)

C. Palache, Contributions to crystallography; claudetite, minasragrite, samsonite, native selenium, indium. Am. Mineral. **19**, 128 (1934)

S.K. Panda et al., Aluminum stress signaling in plants. Plant Signal & Behav. **4**(7), 592–597 (2009)

C. Poschenrieder et al., A glance into aluminum toxicity and resistance in plants. Sci. Total Environ. **400**(1–3), 356–368 (2008)

R. Quinkertz, *Optimierung der Energienutzung bei der Aluminiumherstellung*, (Dissertation, Rheinisch-Westfälische Technische Hochschule Aachen, Deutschland, 2002), S. 75–77

J. Ralph, www.mindat.org/Indium (Hudson Institute of Mineralogy, Vereinigtes Königreich, zuletzt geändert 2. August 2015). Zugegriffen: 3. Aug. 2015

R. Rich, *Inorganic Reactions in Water* (Springer Verlag, USA, 2007), S. 321. ISBN 354073962-9

V. Rondeau et al., Aluminum and silica in drinking water and the risk of alzheimer's disease or cognitive decline: Findings from 15-year follow-up of the PAQUID cohort. Am. J. Epidemiol. **169**(4), 489–496 (2008)

E. Roos, K. Maile, *Werkstoffkunde für Ingenieure: Grundlagen, Anwendung, Prüfung*, 4. Aufl. (Springer-Verlag, Berlin, 2011), S. 240

W. Schiffmann et al., *Technische Informatik 3: Grundlagen der PC-Technologie* (Springer Verlag, Heidelberg, 2011), S. 222. ISBN 978-3-6421-6811-6

B. Schlegel, O. Richter, Aluminium in Lebensmitteln, Landesumweltamt Dresden. Lebensmittelchemiker Mitteilungen **97/2**, 14–16 (1997)

K. Schneider, Kleiner, leichter und effizienter mit Galliumnitrid-Baueelementen, Informationsdienst Wissenschaft Online, idw-online.de, Fraunhofer ISE, 7 (2012)

B.D. Sharma, J. Donohue, A refinement of the crystal structure of gallium. Z. Kristallogr. **117**, 293–300 (1962)

I. Shibata et al., Catalytic generation of indium hydride in a highly diastereoselective reductive aldol reaction. Angew. Chem. Int. Ed. **43**, 711–714 (2004)

H. Sicius, Foto „Bor Pulver" (2015)

H. Sicius, Foto „Aluminium Pulver" (2015)

H. Sicius, Foto „Gallium" (2015)

H. Sicius, Foto „Indium" (2015)

H. Sitzmann, *Gallium, in: Römpp Online* (Georg Thieme Verlag, Stuttgart, 2006). Zugegriffen: 26 Juli 2015

H. Sitzmann, *Galliumarsenid, in: Römpp Online* (Georg Thieme Verlag, Stuttgart, 2011). Zugegriffen: 20. Juni 2014

H. Specker, E. Bankmann, Beitrag zur Aluminium-Galliumtrennung. Fresenius Zeitschrift für Analytische Chemie **149**(1–2), 97–100 (1956)

Spiegel online, Recycling ist nur der zweitbeste Weg, 21. Juni 1993

U.M. Spornitz, *Anatomie und Physiologie. Lehrbuch und Atlas für Pflege- und Gesundheitsfachberufe* (Springer Verlag, Berlin, 2010). ISBN 978-3-642-12643-7

H. Steiger et al., *(Zn, Mg)O als Teil der Fensterschicht für Chalkopyrit Solarzellen*, Zusammenfassung (FVS-Workshop TCO-Materialforschung, ForschungsVerbund Erneuerbare Energien, 2002)

G.F. Sun et al., Tc enhancement of $HgBa_2Ca_2Cu_3O_{8+\delta}$ by Tl substitution. Phys. Lett. A **192**(1), 122–124 (1994)

K. Takemura, H. Fujihaza, High-pressure structural phase transition in indium. Phys. Rev. Ser. 3. B – Condensed Matter **47**, 8465–8470 (1993)

W. Ternes, *Biochemie der Elemente: Anorganische Chemie biologischer Prozesse* (Springer Verlag, Berlin, 2013). ISBN 978-3-8274-3019-9

M.L. Thakur, Gallium-67 and indium-111 radiopharmaceuticals. Int. J. Appl. Radiat. Isot. **28**(1–2), 183–201 (1977)

J.S. Thayer, *Relativistic Effects and the chemistry of the heavier main group elements. Challenges and Advances in Computational Chemistry and Physics*, Bd. 10 (Springer Verlag, Netherlands, 2010), S. 63–97

The Alzheimer's Society, *Aluminium and Alzheimer's disease*(London, 2009)

S.I. Troyanov et al., Crystal structures of GaX3 (X = Cl, Br, I) and AlI3. Z. Kristallogr. **219**, 88–92 (2004)

L.F. Trueb, *Die chemischen Elemente, Ein Streifzug durch das Periodensystem* (S. Hirzel Verlag, Stuttgart, 1996). ISBN 3-7776-0674-X

G. Ungváry et al., Embryotoxic and teratogenic effects of indium chloride in rats and rabbits. J. Toxicol. Environ. Health A **1**(59), 27–42 (2000)

J. Wang et al., Highly polarized photoluminescence and photodetection from single indium phosphide nanowires. Science **293**, 1455–1457 (2001)

H.K. Wedepohl, The composition of the continental crust. Geochim. Cosmochim. Acta. **59**(7), 1217–1232 (1995)

F.-W. Wellmer et al., *Economic Evaluations in Exploration*, 2. Aufl. (Springer-Verlag, Berlin, 2007), S. 83–84. ISBN 978-3-540-73557-1

S. Wolf, *Silicon Processing for the VLSI Era*, Volume 2: *Process Integration* (Lattice Press, Sunset Beach, 1990), S. 723 ff. ISBN 0-9616721-4-5

S. Wolf, *Silicon Processing for the VLSI Era*, Volume 4: *Deep-Submicron Process Technology* (Lattice Press, Sunset Beach, 2002), S. 713 ff. ISBN 0-9616721-7-X

S. Yumoto et al., Demonstration of aluminum in amyloid fibers in the cores of senile plaques in the brains of patients with Alzheimer's disease. J. Inorg. Biochem. **103**(11), 1579–1584 (2009)

O. Züger, U. Dürig, Atomic structure of the α-Ga(001) surface investigated by scanning tunneling microscopy: Direct evidence for the existence of Ga2 molecules in solid gallium. Phys. Rev. **B46**, 7319–7321 (1992)

J.L. Zurita et al., Toxicological assessment of indium nitrate on aquatic organisms and investigation of the effects on the PLHC-1 fish cell line. Sci. Total Environ. **387**, 155–165 (2007)